给青少年的 51 堂情商课

周贞慧 ◎ 编

GUANAI CHENGZHANG XILIE DUBEN
GEI QINGSHAONIAN DE WUSHIYI TANG QINGSHANG KE

关爱成长系列读本

江西人民出版社
Jiangxi People's Publishing House
全国百佳出版社

图书在版编目（CIP）数据

给青少年的51堂情商课/周贞慧编.—南昌：江西人民出版社，2018.11
ISBN 978-7-210-10886-3

Ⅰ.①给… Ⅱ.①周… Ⅲ.①情商－青少年读物
Ⅳ.①B842.6-49

中国版本图书馆CIP数据核字(2018)第239882号

关爱成长系列读本·给青少年的51堂情商课
周贞慧 编

策划编辑：袁　卫　童晓英
责任编辑：吴丽红　刘　缘
文字编辑：刘　缘　贺玉婷
装帧设计：杨思慧
出　　版：江西人民出版社
发　　行：各地新华书店
地　　址：江西省南昌市三经路47号附1号
编辑部电话：0791-86898873
发行部电话：0791-86898815
邮政编码：330006
网　　址：www.jxpph.com
E-mail：jxpph@tom.com　web@jxpph.com
2018年11月第1版　2018年11月第1次印刷
开　　本：710mm×1000mm　1/16
印　　张：14
字　　数：180千
ISBN 978-7-210-10886-3
定　　价：39.80元
承 印 厂：北京彩虹伟业印刷有限公司
赣版权登字—01—2018—825
版权所有　侵权必究
赣人版图书凡属印制、装订错误，请随时向承印厂调换

目录

★ 第一模块　自我认知，控制情绪

- 002　积极看待自身问题
- 006　心里的"疤痕"
- 010　凡事过犹不及
- 015　知足常乐
- 019　表里如一是一种修养
- 023　正确认识情绪
- 028　幸福来自不抱怨的世界
- 032　正确释放情绪
- 037　细节决定成败
- 041　独立思考，不受他人影响

★ 第二模块　开阔视野，激发潜能

- 046　储蓄能量，开拓未来
- 049　扬长避短，发挥潜能
- 054　培养高雅情趣，领悟生活之美
- 059　读书：最简便的视野开拓方式
- 062　开阔眼界，提升自我
- 067　给生活增添一点新意
- 071　广泛地交友
- 076　人生不设限
- 081　不认同，但尊重
- 085　培养意志力

★ **第三模块 乐观向上，积极主动**

090　永远不要害怕被嘲笑
094　心态决定未来
097　自信成就人生之美
101　拥有不怕被拒绝的勇气
105　找准自我定位
109　永不退缩的彪悍人生
113　做个乐天派
117　成为有雄心的人
121　辩证看待得失

★ 第四模块 感知他人，学会倾听

126　善于听取他人的意见
129　善于倾听
134　尊重他人就是尊重自己
139　求同存异，架设友谊的桥梁
143　学会察言观色
147　争辩促进磨合
152　学会理解他人情绪
156　以貌取人不可取

★ **第五模块 优化交际，宽容处世**

162　学会承担责任是成长的开始
166　永远不要轻视任何人
170　付出是相互的
174　理解是最好的关系催化剂
178　保持同理心是良性沟通的前提
182　低姿态的高贵
186　不要把别人的帮助当成理所当然
190　主动沟通，改善人际关系
195　合作将力量最大化
198　赞赏不是奢侈品
202　学会分享，收获快乐
205　谦逊的人受欢迎
209　怀善心，做善行
213　平等是人际交往的前提

★ **第一模块**

自我认知，控制情绪

积极看待自身问题

英国作家罗·伯顿说过:"如果世界上有地狱的话,那就存在于人们的心中。"我们常会因为心中的执念,产生一些消极观念,而忽视了自身所拥有的美好事物。这是非常危险的,因为一旦我们整个人陷入自我否定,甚至自我放弃的状态,就相当于走入了由消极情绪建造的"地狱"。但是我们可以通过调整心态,积极看待自身的问题,让自己逃脱心中的"地狱",做自己人生的操盘手。

你听过一首歌吗?它的歌词是这样写的:

"我的爸爸妈妈很爱我,我的考试成绩也不错,我从不曾缺少零钱过,可我为什么总是不快乐……我不再是玩游戏的年轻人,我想我应该变得懂事了,可我为什么不快乐……那些玩具早应该丢掉了,我想我应该变得成熟了,可我为什么不快乐……"

这首歌的名字叫《少年维特的烦恼》,就像歌德那部同名小说一样,这首歌里充斥着少年的感伤,我们似乎能看到一个拥有一切却始终不快乐的少年,痛苦着，迷茫着，徘徊着，却始终找不到出路。

这样的事例在现实生活中并不少见，无论是电视新闻上，还是身边熟人中，我们总是能看到这样的身影，他们拥有爸爸妈妈的宠爱，享受着现代科技带来的便利，却像一只找不到目标的孤雁，浑浑噩噩地过着每一天，完全不知道自己存在的意义。

有这样一个故事，一个丧失生活信心的年轻人在海边徘徊着，他望着面前汹涌的海水，想要一脚踏进去结束自己的生命。但是，就在他下定了决心，马上就要跨进去的时候，一个路过的禅师拦住了他。

"年轻人，你有什么想不开的？"禅师问他。

"我觉得自己很不开心，我什么特长都没有，也找不到合适的工作，这样活下去还有什么意义呢？"年轻人愁眉苦脸地回答。

禅师听了之后摇摇头，他对年轻人说："不，你错了，其实你很富有，只不过你没有发现而已。"

"什么？"年轻人根本不相信，他苦笑着打量了自己一番，自嘲地说，"你看我全身上下没有一点值钱的东西，你还说我富有，是在讽刺我吗？"

"当然不是。"禅师一脸慈祥，仿佛不经意地问道，"我给你十万元，买你一只眼睛，你肯卖吗？"

"那当然不行！"年轻人吓了一跳，想也不想就拒绝了。

"那买你一只胳膊呢？"

"也不行！"年轻人下意识捂住了自己的手臂。

"既然你不愿意，那就一只手吧，再不行，三根手指头也可以啊！"禅师继续问道。

"不!我什么都不卖!"年轻人忘记了刚才的沮丧,一脸戒备地望着禅师。

"哈哈!"在年轻人防备的目光中,禅师开口,"年轻人,现在你知道自己多么富有了吧?"

听到禅师的话,年轻人一愣,终于明白了禅师话中的深意,不好意思地笑了。然后,他深深地向禅师鞠了一躬,等到再抬起头的时候,脸上已经多了一抹自信的笑容。

是啊,即使在别人眼中他一无所有,但是他还有健康的身体啊,这是花多少钱都换不来的,所以,他还有什么理由不开心,又有什么借口不去努力?

看着年轻人潇洒离去的身影,禅师欣慰地笑了。

文章中的年轻人,因为过分关注和放大了负面的信息,使得自己深陷消极情绪之中,甚至因此想要放弃生命。而禅师的点拨不过是教会了年轻人将思考的角度从"我无"转变为"我有",让年轻人发现自己并非一无是处,而是有能力且有条件去改变自己的人生的。

当你跳出消极情绪,以一种积极乐观的心态看待自身处境,便会豁然开朗。所以我们应当学会控制自己的情绪,不要让自己受消极情绪的影响,用乐观改变自我,拥抱更好的人生!

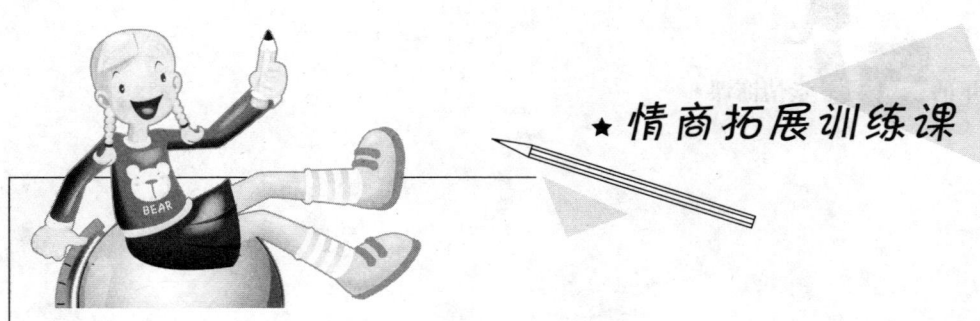

★ 情商拓展训练课

积极看待问题的情绪整理术

有些人在遇到困境后,极易陷入"钻牛角尖"的状态,从而影响到自身情绪,严重者甚至会影响生活。那么青少年在日常生活中应该怎样摆脱坏情绪带来的不良影响呢?下面教给大家几个实用的小方法:

1.打破惯性思维,学会逆向思考。 逆向思考能带你走出思路的死胡同,故事中的年轻人,一开始只看到了自己生活中不好的一面,但在禅师的提醒下,他逆向思考,看到了自己生活中好的一面:虽然他没有特长,没有工作,更没有财富和名利,但是他有着别人羡慕不来的健康的身体,这就是他最大的财富。

2.学会全方位、多角度看待问题。 当你的想法走到一个极端的时候,不妨跳出事件之外,全方位、多角度地解析事件的来龙去脉。当你学会这一点,很多迟迟无法解决的问题都会迎刃而解。

3.接受既定事实,学会适时舍弃。 对于已经发生的事情,多想无益,不要过多地计较。学会接受现实,不要把某些问题看得过于严重,将事物对你的影响降低,放下包袱轻装前进。

这些小方法你学会了吗?不如就从今天开始运用起来吧!

心里的"疤痕"

一个人如果不自信会产生怎样的可怕后果？美国的几位心理学家围绕"不自信"做了一个著名的"疤痕"实验。

"疤痕"实验中，心理学家们请来了十位实验者，其中有学生，有白领，还有无所事事的游民。其中有一位名叫"亨利"的推销员，自信乐观一直是他的代名词。

实验开始后，化妆师开始替亨利上妆。其间，他一脸轻松地与化妆师交谈，丝毫不担心接下来的实验。但是等化妆结束后，他刚接过化妆师手里的镜子，看到"变身"之后的自己，笑容便凝固在了唇角——他左脸的"疤痕"画得十分逼真，乍看之下，恐怖至极。化妆师收起镜子，说要再给他补点粉，让效果更逼真。亨利这一次安静地闭上了嘴，看得出来脸上虚假的"疤痕"给他造成了不小的冲击，也让他没有心情继续说笑了。

不一会儿，化妆师结束了手头上的工作，亨利也坐上门口的实验车往某家医院。只是他一下车，便觉得周围所有人的目光都聚集在他脸上的"疤痕"上。他有些不舒服，把头顶上的帽子往下压。

亨利匆匆地走进了医院，假装成患者来到候诊室。候诊室里，人来人往。亨利找了一个僻静的角落坐下，再也没有像平时那样挤在人群中发挥他能言善道的本领，交往新的客户与朋友。现在的他因为脸上的"疤痕"变得非常自卑。

这时，一位美丽的女士轻轻地坐到了亨利的身边，而后掏出包里的小说安静地阅读着。她优雅从容的姿态吸引了亨利的注意力，亨利很想与身边这位美丽的女士一起讨论她手中的书籍，但是一想到自己脸上丑陋的"疤痕"，无论如何也鼓不起勇气开口。就在这时，女士忽然转头看了亨利一眼，随后便急匆匆地把书塞进包里，起身离开了。

女士的反应无疑给亨利造成了很大的打击，对方避之不及的态度令他无比愤怒。这时候又有几个青年坐到离亨利不远的位置。他们盯着亨利看了一会儿，然后一边笑一边窃窃私语。

亨利敏感地认为他们是在说自己脸上的"疤痕"，在嘲笑自己。他再也忍受不了，快速从椅子上站起来，一刻也不停留地离开了候诊室，远离四周几欲令他疯狂的视线。

亨利逃回了实验室，不过他发现自己不是第一个回来的实验者，参加"疤痕"实验的十位实验者都回来了，大家回来的时间离实验结束还早得很。

心理学家们来到亨利等人身边，问及他们的感受。亨利与其他实验者的体验相差无几，他们普遍认为别人都对自己感到非常厌恶，也缺乏善意，而且眼睛总是很无礼地盯着他们脸上的"疤痕"。

这一实验结果，让早有准备的心理学家们也大吃一惊，他们没想到人们对于自身错误的、片面的认识，竟然如此深刻地影响和改变他们对外界的感知。因为这些实验者包括亨利脸上的疤痕在离开实验室前都已经被化妆师抹掉了，那句"补粉"是骗他们的。

实验者之所以在脸上的"疤痕"被抹掉之后还会产生这样的感受，是因为他们将"疤痕"牢牢地装在了心里。正是由于心中的"疤痕"频频作怪，他们的言行才与以往大相径庭。脸上的"疤痕"并不可怕，心中的疤痕却如同洪水猛兽，足以击倒一个人对于生活、对于人际交往的全部热情。学会自信，看到自己的闪光点，不让表面的"瑕疵"成为心里的"疤痕"。

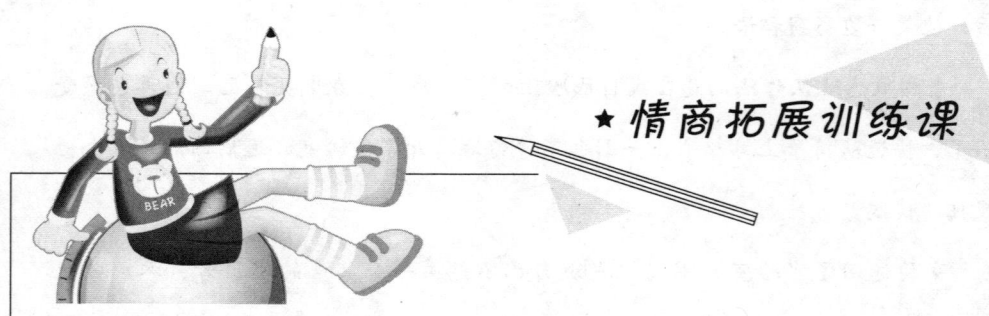

增强自信的五大绝招

美国作家爱默生说："自信是成功的第一秘诀。"自信是个人发展的重要助推力之一，那么青少年如何让自己在学习和生活中更有效地增强自信心呢？

1. 积极地自我暗示。"我是最棒的！""今天我也可以很优秀！"这些口号都十分适用于自我鼓励。这些句子虽然简短，但其中蕴含的积极力量能够起到意想不到的效果。如果你羞于将这种鼓励的言语宣之于口的话，你也可以选择在心中默念。

2.穿着整洁大方。形象是人的名片，整洁大方的穿着有助于向他人展示我们的精神风貌，为他人留下一个好印象。如果一个人衣衫不整或者污垢满身，不但容易产生自卑之心，还会大大降低他人对自己的好感度。所以尽量让自己穿着整洁大方，可以在无形中增加自信。

3.主动与人打招呼。社交中有一个概念，叫"居家优势"，意思是说，在自己家里，每个人都享有主动权。在我们的人际交往中，主动与他人打招呼，哪怕是"你好""今天有什么计划"这样简单的问候也能为自己带来一种心理自豪感，赢得交谈的"居家优势"，从而增强个人自信心。

4.看着别人的眼睛说话。坚毅的眼神总让人感觉到坦荡果敢。眼睛是心灵的窗户，不断向人传达着个人的信息，而一旦躲避别人的眼神成了习惯，等于关上了这扇窗，容易给人造成隐忍怯弱的印象，自身也会慢慢变得自卑。而且通过与人对视，你也能够从他人的眼神中捕获一些他们在话语中未完全表达的信息。所以，在交际中培养自信，请从看着别人的眼睛说话开始吧。

5.有美需外现。"美不外现"固然能够彰显出一个人谦虚的优良品格，但在人际交往中敢于表现自己更容易获得别人的赏识。千里马常有而伯乐不常有，一味等待他人发现自己的优点，就如同将一块美玉深埋于地底，很可能会被人忽略和遗忘。反之，敢于将美外现，尽可能主动地展示自己的长处，不仅能收获更多成功的机会，也能够让自己在人际交往中越来越自信。

凡事过犹不及

在生活中,总有人将个性误解为一味地追求标新立异,他们在渴望受到关注的同时并不理会其他人的接受能力与自己的实际追求,过分追求新意,反而得不偿失,这在一定程度上也是一种缺乏情商的表现。一个高情商的人一定对自我有着足够的把控力,这不仅表现在对情绪的收放自如上,更体现在准确的自我认知、自我追求上。凡事不能太过,掌握事情的分寸极为重要。

贾斯汀是一名非常有潜力的珠宝设计师,他的设计经常凭借天马行空的想象力而大受赞誉,珠宝作品也多次登上时尚杂志。但最近,贾斯汀遇到了一个不小的麻烦——他与团队成员之间产生了巨大的分歧。

贾斯汀任职的珠宝设计所最近接受了一项重要的委托——将一颗顶级蓝宝石打造成合适的吊坠。为了显示自己独特的设计风格,贾斯汀冥思苦想。考虑到蓝宝石本身具有开启智慧、净化心灵的寓意,最终贾斯汀从欧洲神话体系中找到了灵感，他决定将这颗珍贵的蓝宝石切割塑造成高贵的独角兽形象。贾斯汀正在为这一独特的设计沾沾自喜时，却遭到整个团队以及委托人的反对。

切割大师麦尔巴苦恼地说："设计图中的独角兽鬃毛太过纤细，凭借目前的技术很难达到，且一不小心就会造成整个作品的失败。"

宝石品级测评员伊丽莎白心疼地说："如此大的蓝宝石是多么珍贵，你的设计需要大面积地切除蓝宝石，太浪费。"

委托人史密斯先生不满地说："这款蓝宝石将作为我的贴身饰物，独角兽形状的吊坠太过梦幻，并不适合我佩戴出入各大商业场合。"

听了大家的意见，贾斯汀依然没有放弃"独角兽"设计的打算，只是敷衍着表示会作一些调整。由于贾斯汀坚持己见，珠宝设计所的负责人穆尔提扎先生也不得不找他谈一谈，希望他能明白一味标新立异却完全不去在意顾客需求的想法是不对的。

设计所里有一个很大的鱼缸，里边养着许多美丽的热带鱼，它们是全团队的爱宠。

穆尔提扎将贾斯汀叫到鱼缸前，跟他说："每天让小鱼吃饲料真是太单调乏味了，我决定为我们的小鱼改良伙食。贾斯汀，请你帮我订十个美味的火辣鸡腿汉堡，让鱼儿们也尝尝汉堡的滋味。"

"穆尔提扎你疯了吗？"贾斯汀难以理解地说道，"汉堡包是人类的食物，其中的盐分和辣椒粉足以让鱼儿送命。鱼饲料虽然单调乏味却能保证它们能够获取充足的营养。"

"我的桌子上有一个刚做好的摩天大厦模型，请你帮我拿过来。"穆尔提扎没理会贾斯汀，接着往下说道，"这个模型是我用各种宝石边角料镶嵌而成的，十分名贵，放在鱼缸里一定非常显眼夺目。"

"鱼缸里的摩天大厦？"贾斯汀摸摸下巴饶有兴趣地说道，"真是一个新奇的想法，或许水波能够让宝石变得更美，我现在就去拿。"

但不一会儿，贾斯汀便空着手回来了。

"你做的摩天大厦模型对于这个小小鱼缸而言太过庞大。"贾斯汀用两只手量了一下鱼缸的大小，接着说道，"而且大厦模型上的门窗设计得太过窄小，鱼儿根本钻不进去，放进去只会白白压缩鱼儿的活动空间，虽然很新奇很美观，却并不符合实际需求。"

"你懂什么？"穆尔提扎佯装生气地说道，"就因为所有的鱼屋设计都是大大的门窗，所以我才要设计一款与众不同的鱼屋。"

"但这种与众不同不是鱼儿们需要的。"贾斯汀气愤地说道，"如果你一味地追求标新立异而不考虑实际需求，这样的新奇只是你一个人在盲目地炫技。"

穆尔提扎停顿了一下，从口袋里取出贾斯汀的设计图纸，意味深长地说道："你刚刚说得很对，如果一味地追求标新立异，不考虑对方的实际需求，最终只会得到无用的作品。"

贾斯汀怔怔地看着自己的设计图，有些惭愧地说道："我明白了，我不该只为追求新意而忽略顾客的意愿，不顾及团队的整体操作水平。我的设计创新完全可以展现在其他被大家乐意接受的地方，而不是一意孤行，不顾大家的想法任性而为。"

贾斯汀又把自己关在工作室里，他仔细地将顾客的要求和宝石本身的特质相结合，在尽可能保全宝石本身的基础上创新。三天后，贾斯汀最终获得了一份令自己和其他所有人都满意的设计图。

此次事件后，贾斯汀不仅设计能力更进了一步，与团队成员之间的关系也更加紧密。而宝石拥有者史密斯先生，也因为这一款大气优雅的饰品在各个场合收获了他人的艳羡，珠宝设计师贾斯汀的名气从此水涨船高。

在这个故事中，一开始，贾斯汀由于一味地坚持自己的想法，不考虑顾客的实际需求和团队的操作能力而受到大家的抵触。而通过与穆尔提扎的一次谈话，贾斯汀终于意识到了自身存在的问题，并对工作进行适度调整，使得自己走向了职业的巅峰。青少年也应当加强对自我的认知，加强对他人的感知，明确自己想要前往的方向，学会做事张弛有度，善待他人，方能获得他人的理解和支持。

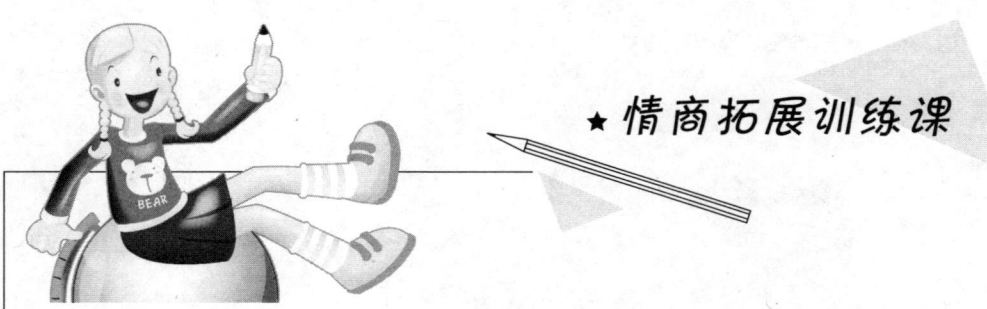

★ 情商拓展训练课

学会把握事情的"度"

生活就像一杆秤，我们需要注重平衡，而掌握平衡的关键，就是把握好事情的"度"。

1. 适可而止，把握事情的"深度"。 一个人的精力有限，做事应当学会适可而止，防止因为过"度"而使事情产生相反的效果。比如进行体育锻炼，为了达到更好的运动效果，教练一般建议运动时间在1小时30分钟左右，超过这个时间不但会使得身体机能因疲劳受损，还可能会因为身体不能坚持完成运动目标而打击了自己的积极性。

2.张弛有度,把握事情的"限度"。就算是良弓,绷得太紧也会崩坏,更何况是人。只有花费的时间与精力相当,张弛有"度",方能取得好的效果。学习也是这个道理,只顾着低头读书或只顾着娱乐,都可能会让人产生厌烦感或者空虚感,将娱乐与学习相结合,让生活有劳有逸,也许能产生更大的效益。

3.循序渐进,把握事情的"高度"。慢慢积累,欲速则不达。只有当我们循序渐进地开展工作,了解过程中出现的缺陷,及时查漏补缺,我们才能将事情做得更好,达到期望的"高度"。

知足常乐

《老子》中有这样一句名言:"祸莫大于不知足,咎莫大于欲得,故知足之足,常足矣。"意思是祸事根源于不知足,而知足者常乐。在人际交往中,青少年应该学会知足,这不仅能给自身带来源源不断的快乐,也能使他人在与我们的交际中收获满满的踏实感。

村庄里有一个年轻人,他整天闷闷不乐,总觉得烦恼压得他喘不过气来,于是他就来到寺庙里请教方丈怎样才能让自己快乐起来。

方丈问他为什么不开心,他回答说:"我觉得自己很失败,你看东家的田比我家的多,西家的房比我家的大,好不容易这两项我都胜过后面那家了,但是他家竟然有一头牛,我家却没有,你说我怎么能开心得起来呢?"

听完他的话,方丈沉默了半天,然后说:"我知道你为什么不开心了,如果你想摆脱烦恼的话,不如走出去看看。当你遇到那些快乐的人时,记得问他们一

个问题——你对你拥有的一切满意吗?"

年轻人听从了方丈的建议,背起行囊踏上了旅途。他一路前行,在走到一座山前的时候,远远地看到了一个樵夫。樵夫的鞋子已经磨破了,但是他一点都不在意,还一边担着柴一边哼着小曲,看样子开心极了。"樵夫大哥。"年轻人不紧不慢地走上去施了一礼,"请问你对你目前拥有的一切满意吗?"

"满意啊!"樵夫停下脚步哈哈大笑,"你看我身强体壮,还能上山砍柴,这些木柴送到镇上可以换来银子,银子可以买米买菜,还可以买一双新鞋子,我只要一想到这些就开心。"

"可是你不觉得镇上的人比你过得好吗?"年轻人忍不住追问。

樵夫诧异地瞪大眼睛:"我为什么要和别人比?比来比去多累啊!"说完,樵夫重新哼起小调,开心地走远了。

年轻人继续向前走,又遇到了一个骑在牛背上唱歌的牧童,牧童身上的衣服破破烂烂,但是脸上快活的神情比头顶的阳光还要灿烂。于是年轻人走过去问他:"小牧童,你对你拥有的一切满意吗?"

"很满意!"小牧童摇头晃脑地回答,"刚才出门的时候妈妈夸奖了我,路上我还发现了一种很好吃的野果,而且今天天气这么好,有什么不满意的呢?"

"可是你这么小年纪就要出来放牛,和你一样年纪的小朋友们都在家里玩耍,你不会感到难过吗?"年轻人好奇地问。

"不会啊!"小牧童笑嘻嘻地摆摆手,"他们在家可吃不到这么好吃的果子,而且他们的妈妈也不会夸奖他们。"说完,小牧童拍拍身下的牛,悠闲自在地走远了。

夜幕降临的时候,年轻人来到了一个山洞休息。走进去他却发现,山洞里有个头发花白的老人家坐在那里,正兴致勃勃地烤野鸡。"老人家,打扰了。"年轻人走进去，礼貌地询问自己能否在这里住一晚。老人痛快地答应了，还把烤好的野鸡分给他吃，一边吃一边听他讲路途中的见闻。讲完后，年轻人一头雾水地问："老人家，你说这世界上真的有能让人快乐的秘诀吗？"

"当然有啊！"老人笑着说道，"你不是已经从樵夫和牧童那里得到你想要的答案了吗？"

年轻人想了很久，终于恍然大悟。

都说快乐是比较出来的，但是靠比较才能得到的快乐并不是真正的快乐，真正的快乐是要有一颗知足常乐的心。懂得知足的人才能真正把控住自身，懂得知足的人才能在合作中更好地分享。知足不仅是生活幸福感提升的保证，更是交际中高情商的表现。

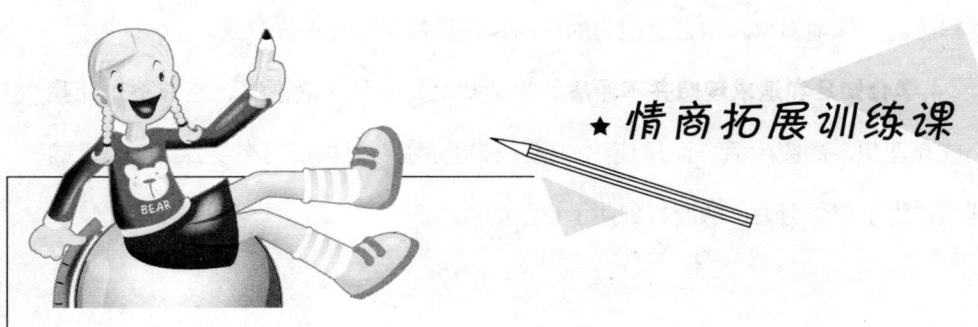

★ 情商拓展训练课

学会知足

知足常乐是一种人生境界。生活中，每个人都有不同的优点，擅长不同的方面，如果看到别人某方面比自己优秀便产生嫉妒，那么这样的嫉妒是永远不会有

尽头的，因为你不可能所有的方面都比别人强。

1.学会知足，要学会分析得失。青少年们是否会因为输了一场篮球赛或者输了一场游戏或者是在一场考试中失利而耿耿于怀？有没有思考过，虽然失败了，但是你在这个过程中得到了什么？在篮球赛中你是否享受了运动的乐趣，提高了自己的篮球水平？在游戏中你是否得到了和朋友一起玩耍的激情？在考试中你是否检验了自己知识的薄弱点在哪儿？如果对于这些问题，你的答案是肯定的，那么就不用太执着于结局，因为你是有收获的。

2.学会知足，要给自己制订合理目标。青少年们是否经常心血来潮给自己定下一个高目标，然后热火朝天地努力几天之后，发现目标实现的可能性太小，结果积极性被打击，最后只能放弃目标？那么，我建议，在制订目标之前，青少年应该先了解自己，在分析自身情况之后，再制订目标。这个目标可以高出自身能力10%到20%左右，这样可以给自己留一个冲刺的空间。

3.学会知足，要拒绝攀比。山外有山，人外有人，如果一心和别人攀比，那么你的心态是永远平衡不了的。可以比较，却不能攀比，因为攀比会让我们丧失幸福感。一味地追求超出自己能力的东西，最后甚至可能丧失自我。

4.学会知足和追求理想并不矛盾。学会知足是一种生活态度，它并不是让我们放弃理想，颓废生活，而是让我们用一种更健康、更积极的态度去确立自己的理想并为了理想努力，从而找到属于自己的成功。

表里如一是一种修养

表里如一，是儒家衡量一个人道德修养的重要准则，同时也是一种自我监控，属于自我认知的一部分。在这个飞速发展的新时代，我们随时都有可能面临各种诱惑，保持"表里如一"才能获得更多人的尊重和认可。

张丽丽去年大学毕业后顺利进入一家著名的外企任职，成了令人羡慕的白领。但一年过去了，与她同时入职的同事们都已经陆续升任各个部门的负责人，唯有张丽丽依然在原地踏步。周末休息的时候，张丽丽忍不住在家抱怨，愤愤不平地指责上司的偏心，嫉妒同事们的好运，她认为自己遭遇了不公正待遇，因此心情非常低落。正在大扫除的父亲倾听着女儿的委屈和难过，心里有了一些想法，很想直接把无法升职的原因告诉女儿，却担心遭到女儿的抵触。于是，父亲想到了一个好办法。

父亲假装腰疼，把拖把放到女儿手里说道："你今天刚好休息，不如帮我拖

拖地吧。"

张丽丽却赖在沙发上不肯起来:"爸爸,你拦住电视了,快往旁边让一下。"调整好舒适的姿势,她接着说道:"我可是辛勤工作了一个星期,周末也不让我好好休息吗?"

父亲问道:"这里是你的家,你的活动区间,难道你没有责任维持它的清洁吗?你平常在办公室也从不整理自己的办公位置吗?"

"办公位置我当然会整理,在上司面前当然要表现得勤快一点,不然同事一定会在背后念叨我的。"张丽丽说着又生起气来,"你不知道她们有多喜欢在背后说人坏话,这些长舌妇最惹人讨厌了。"

父亲打断她的话说道:"你不也成天在家里说她们的坏话吗?"

张丽丽理直气壮地反驳道:"我只是在家里念叨,只念叨给你听,他们又不会知道,这有什么大不了的。"

"你明知在背后议论他人是不可取的,却依然管不住自己的嘴,这便是不正确的行为。"

张丽丽有些闷闷不乐地说道:"我明白了,我以后会管住自己的嘴,避免成为自己讨厌的'长舌妇'。"

父亲稍稍满意地点了点头:"不仅要管住自己的嘴,你的行为、你的思想……在各个方面你都应当努力使自己成为一个表里如一的人。"

张丽丽不解地询问道:"表里如一?"

"你在公司时能够勤快地整理自己的办公区域,为什么回到家却不能帮助一下你年迈的老父亲呢?"父亲边说边摇摇头道,"一个人是否真正表里如一,是很容易被大家瞧出来的,以你现在的表现,只要在平常的生活中多多留意,你的上司便会发现你只是在刻意表现和逢迎,并不是一个真正勤奋进取的人。"

张丽丽生气地质问道:"不过是打扫卫生而已,这跟我是否勤奋进取有什么关系?"只见父亲伸出一根手指,遥遥地指了指门口玄关的柜子上摆放的文件袋,那里边装着张丽丽周五下班时带回家的待做项目,但直到周日却依然摆放在原地没有开封,更别提完成那些预定的计划。

"那是……"张丽丽顿时羞愧得无言以对。

"我留意到你每天下班都会带着一大沓文件回家,但第二天又会原封不动地带回公司。"父亲摸摸下巴上的胡子,"每天你这样搬来搬去难道不嫌累吗?"

"当然很累。"张丽丽闷闷地说,"但为了在领导面前装出勤奋加班的样子,我不得不这样做。"

"既然只是为了装样子,为什么要说成是迫不得已呢?"父亲叹了一口气,说,"你佯装努力的样子最终只能欺骗你自己而已。"

父亲走过去拿起文件袋,放在张丽丽手中,再次说道:"这是你的工作,完成它是你不可推卸的职责。当你一个人独处时,无论有没有人在旁边监督你,你都应该管住自己的言行,做自己该做的事,说自己该说的话。"

张丽丽恍然大悟:"原来领导一直不给我升职的机会,是因为他们发现我并非像看上去那么勤奋。是否真的认真工作是实打实体现在工作成绩当中的,表里不如一的人很难赢得大家的认可。"

张丽丽接受了父亲的教育,抱着文件回到自己的书房里开始认真地工作,即使没有领导在旁边巡视,她也能够专心地投入工作,完成自己的职责。这种为人处世的态度也让她的生活慢慢发生了改变,越来越多的人感受到她的变化,而张丽丽不久后也迎来了梦寐以求的升职机会。

表里如一是一种个人修养,所说与所做保持统一,即使在独处时,也依然能

够坚守自己的责任与底线。表里如一既可以体现一个人的道德修养,又可以体现一个人的情商,保持本心,青少年方能凭借人格魅力赢得他人发自内心的尊重。

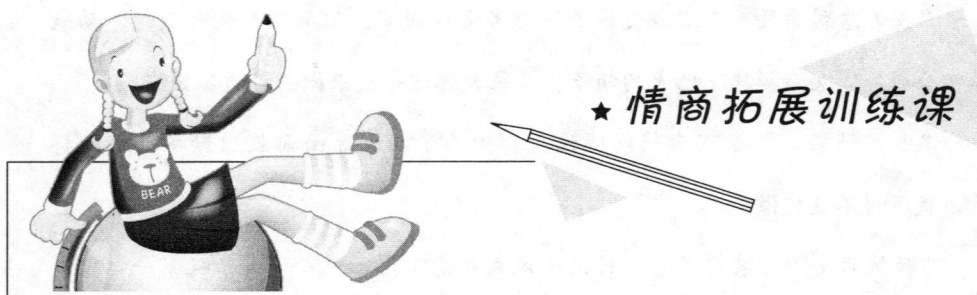

★ 情商拓展训练课

如何做一个表里如一的人

表里如一不仅代表一种修养,还代表一种生活态度,我们想要成为一个表里如一的人,就应该学着做到:

1.坚定信念,始终严格要求自身。不管遇到什么事情,我们首要的就是坚定自身信念,严格要求自己,即使在独处时,也不能放松要求。

2.待人处事须真诚。待人,我们应该真诚,虚心谦让,多为他人着想,忌当面一套,背后一套;处事,我们应认真细致,信守承诺,承诺过的事情都要尽力做到,并且为自己所做之事承担起相应的责任,而自身无法做到的事情学会勇敢地拒绝。

3.坦荡自然,保持本我。君子坦荡荡,小人长戚戚。我们会发现没有伪装的自己更容易获得大家的青睐,也更容易收获快乐。因为我们磊落坦荡,所以他人与我们相处时也不用耗费太多心神。

正确认识情绪

　　认识情绪是认知自我的一部分，也是控制情绪的前提。每个人都有各种各样的情绪。情绪没有对错之分，即便是负面情绪也是个人心理的一种正常流露。在情商的培养过程中，青少年首先要对情绪有正确认知，不要因为害怕而逃避负面情绪，要学会用正确的方式来管理情绪。在认知情绪的基础上，慢慢学会表达自我，以此促进交流沟通。

　　因为篮球比赛的压力，亚历山大最近一直深陷在急躁的情绪之中。

　　今天是非常糟糕的一天，亚历山大不仅在训练的时候与教练发生冲突，上课的时候也因为与同桌争吵被罚站半小时。而且吃晚饭的时候，亚历山大因为不小心嚼到一块讨厌的生姜，气愤地将自己的餐盘扫到了地毯上。

　　原本温馨的晚饭氛围顿时降到了冰点，未满周岁的妹妹被吓得哇哇大哭。妈妈瞪了亚历山大一眼，抱着妹妹回了房间。

转眼间餐桌上只剩下亚历山大父子二人。

爸爸站起身拍拍亚历山大的肩膀,说道:"把地毯收拾好后来书房,我想我们需要好好聊一聊。"

亚历山大的心脏狠狠一跳,一时的头脑发热过后,他终于意识到自己刚刚的行为是多么的过分。

爸爸给自己泡了一杯红茶后,慢悠悠地回书房了,留下亚历山大独自一人收拾残局。

亚历山大先将自己扫落的饭菜捡起来,然后找来清洁剂和抹布使劲地擦洗着地毯,然而地毯上还是有一大块油渍怎么也清除不掉。

两个小时后,亚历山大心惊胆战地敲响了书房的门:"爸爸,我来了。"

"进来吧,我一直在等你。"爸爸回道。

"抱歉让您久等了,实在是因为地毯太难清理了。"亚历山大抱怨地说道,"我的手都快脱臼了,却还是洗不干净。"

"这块污渍就像你在别人心里留下的阴影一样。"爸爸语重心长地说道,"这是你放任负面情绪必须承受的后果。"

亚历山大懊悔地说道:"爸爸,对不起,我不应该乱发脾气。"

"孩子,有负面情绪是正常的。"爸爸安抚地说道,"我们都非常理解你面临的压力,也理解你释放情绪的需求。"

"真的吗?"亚历山大怀疑地问道。

"当然,我的孩子。"爸爸鼓励道,"可是下一次你需要找到更合适的方式来管理自己的情绪。"

"爸爸,谢谢您。"亚历山大感激地说,"我一定会铭记您的教导。"

第二天,亚历山大又和自己的队友丹尼斯发生了一点小矛盾。亚历山大深吸一大口气，准备找教练坐一个合理的裁决。没想到丹尼斯这个身高一米八的大个子居然哭了。

"哎！你怎么哭了？"亚历山大手足无措地说道，"这要让别人看见了，还以为我打你了。"

丹尼斯却越哭越凶，吼叫道："我哭跟你没关系，你快走！"

"真跟我没关系？"亚历山大怀疑地问道，"不是因为我刚刚骂了你吗？你真有颗玻璃心，也不嫌丢人。"

"我才不是玻璃心，我就是因为压力大想哭而已，跟你没关系。"丹尼斯边哭边生气地说道，"你走不走？你不走我就走了。"边说边抹着眼泪往外走。

"别急着走。"亚历山大拉住丹尼斯坐回原地，放缓语速说道，"咱俩聊一聊吧。"

"我没心情跟你聊天。"丹尼斯懊恼地说，"你绝对不能把这么丢脸的事说出去，不然我没脸见人了。"

亚历山大想到爸爸昨晚说的话，安慰道："哭有什么丢人的，这是正常的情绪发泄。"

"正常吗？"丹尼斯抹抹眼泪问道，"男子汉不是应该像电视剧里说的那样流血流汗不流泪吗？"

"当然正常，有负面情绪就一定要发泄出来。"亚历山大决定拿自己的例子来安慰丹尼斯，"能哭出来已经是很好的发泄方法了，我昨晚把饭菜弄洒了，洗了两个多小时的地毯，整个人筋疲力尽。"

丹尼斯好奇地问："你也是因为比赛压力大吗？"

"是的，这次比赛对我非常重要，我非常想赢。"亚历山大坚定地说道。

"哈哈，那我们一起加油吧！"丹尼斯笑着说道，并且向亚历山大伸出一只

手掌。

亚历山大也笑着与他击掌握拳,却不怀好意地说道:"谁要跟你这个爱哭鬼一起加油?"

"这明明是正常发泄,我可不是爱哭鬼。"丹尼斯擦干眼泪说道,"也比你这个暴力狂好,洗地毯的教训这么快忘了吗?"

亚历山大反驳道:"我今天可控制好了自己的坏情绪,跟你发生争论的时候也没有做出过分的事情。反而是你这个爱哭鬼在那大哭。"

丹尼斯大声打断道:"我不是爱哭鬼!"

"哈哈!"两个好朋友边走边互相打趣,有说有笑,十分和谐。

在这个故事中,亚历山大最初并没有正确认知和发泄自身的负面情绪,他在学校和家里肆无忌惮地朝老师、同学和家人发脾气。直到与爸爸在书房谈话,他终于学会认识自己的情绪,并且逐渐学会控制自身的负面情绪,避免对他人造成难以挽回的伤害。并且亚历山大将情绪的知识活学活用,成功与丹尼斯化干戈为玉帛,两人共同努力将比赛带来的压力转换为动力,在认识情绪的基础上,正确对待负面情绪,提升自己的情商,营造良好的人际关系。

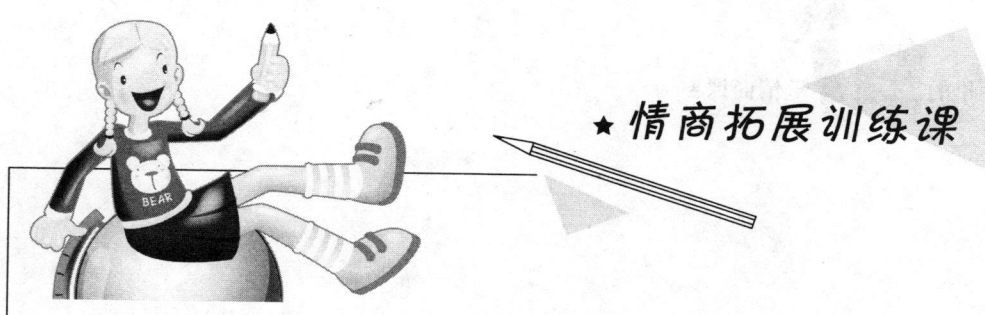

★ 情商拓展训练课

学会应对负面情绪

每个人都会有正面情绪和负面情绪。当负面情绪出现时，不用紧张也不用过于担心，积极应对，降低负面情绪带来的不良影响才是最好的办法。

1.不为负面情绪找借口。研究表明，一个人越是抗拒某件事情越是会陷入其中，情绪亦然。不要为负面的情绪找借口逃避，只有坦然面对并接受情绪，我们才能更好地面对它背后的问题，以便我们更快地走出这种情绪。

2.学做标记。试着去描述你所感受到的情绪，越具体越好，并将它们命名。比如心情烦闷沉重是焦虑，心中畅快轻松则是开心。当标记好你的情绪后，记住每种情绪的感觉，以便进行接下来的步骤。

3.列出利弊。将标记的各种负面情绪罗列出来，思考分别是什么行为使你产生这种情绪，然后写下这个行为带给你的好的影响和坏的影响。将这些罗列下来可以帮助我们理智面对并进行相应改变。

4.远离消极环境，增强自身信心。在一个充满负能量的环境，人是很容易被影响的，最明智的做法就是远离充斥消极情绪的环境，找一个积极舒适的环境。以积极的心态建设自身，增加自己的信心，在负面情绪之中寻到出路。

第一模块 自我认知，控制情绪

幸福来自不抱怨的世界

生活中我们面临着各种压力,难免会对此产生抱怨,但你要明白,抱怨是无济于事的,生活不会因为你的抱怨而有所改变。人无完人,社会也存在着各式各样的不完美,一味抱怨只会使自己更加沮丧和悲伤。不管坎坷还是顺利,我们都应该勇敢接受现实,并努力去改变现状。放下抱怨,才会迎来生命的光明灿烂,才会有幸福美满的生活。

威特公司最近在内部做了一次调查,请大家投票选出一位最不喜欢的合作伙伴。一向兢兢业业工作的卡西亚竟然得到了最多的票数,这让卡西亚难过极了,他找到了和自己在同一家公司工作的好朋友兰德抱怨。

"我无法理解。"卡西亚一走进兰德的办公室就皱紧了眉头,"大家最不喜欢的合作伙伴难道不应该是那些不努力工作的人吗?为什么大家会选我?这实在是太糟糕了,要知道,我上周还为公司拉到一个单子……"

接下来的半个小时里，卡西亚喋喋不休地诉说着自己对公司的贡献，不时表达一下对同事们的不满。中途兰德的秘书为他倒了一杯咖啡，他喝了一口之后，话题开始转到对咖啡味道的抱怨，再转到现在飞涨的物价。等到他终于说完了，时间已经过去了整整一个小时。

"天哪！我竟然耽误了这么长的时间，我今天还有很多工作要做，看来下班时间又要推迟了，真是太倒霉了！"卡西亚惊讶地大叫，脸上露出沮丧的神情。

"看！就是这样。"这时，一直安静聆听的兰德终于开口了，他坐在那里，脸上带着微笑，"你还记得我们是哪一年来公司的吗？"

"记得！"卡西亚点点头，"是2012年，我们已经在这里工作整整五年了，所以说，为什么大家要把票投给我呢？我……"

一提到投票的事情，卡西亚就好像有无数的话要说，但是这一次，兰德却没有让他说出来，他抬起手，打断了卡西亚的抱怨："亲爱的卡西亚，你能安静下来，听我说几句话吗？"

"当然！"卡西亚不情不愿地停下了自己的诉说。

"你刚才记得没错，我们是2012年来公司的。"兰德端起自己的咖啡喝了一口，然后像是下定了什么决心一样说道，"我们也是那个时候认识的，因为刚入职时你帮助了我很多，所以，我一直对你心存感激，并且忍受了你喋喋不休的抱怨五年多。"

"什么？"卡西亚不敢相信地瞪大了眼睛，他从来没有想过，他在公司里最好的朋友竟然是这样看待他们之间的关系的。

但是，兰德的话并没有因为他的震惊而停下，他望着卡西亚的目光依然真诚，话语却非常犀利："我知道，你一定很奇怪，我为什么会说出这样的话，就像你一直很奇怪，大家为什么会把你选作最不喜欢的合作伙伴。那是因为，大家真的很不喜欢和一个总是对世界充满抱怨的人在一起。"

"你还记得吗?"兰德停顿了一下才接着说,"有一次,我们公司出去露营,一路上,你从天气抱怨到路况,从车速抱怨到座位,整辆车上都回荡着你的不满。因为这个,那一天大家玩得很不开心。还有平时的工作,你虽然做了很多,但是也抱怨了很多,每一个接近你的人都会被你的抱怨所影响,时间长了,当然没有人愿意和你合作了。"

"是这样吗?"过了很久,卡西亚才从震惊和迷茫中醒过神,他回忆着自己曾经的行为,第一次开始怀疑自己的说话方式。

兰德的话对卡西亚产生了很大的影响,在之后的日子里,卡西亚开始有意识地控制着自己不去说抱怨的话。渐渐地,他发现大家开始愿意和他合作了,而他自己也因为这样的合作而省下了很多力气,能够做更多的单子。等到年底的时候,因为业绩突出,卡西亚终于得到了自己梦寐以求的职位,这一切好运,都是从他学会不抱怨开始的。

这个故事里,卡西亚在面对不被大家喜欢的事实时,不是对自己的行为进行反思,而是一个劲地抱怨,以致让自己深陷在难过的情绪中无法自拔,还让一直陪在他身边的好友兰德难以忍受。一个总是充满负能量、到处抱怨的人不仅会让自己愈加消极,而且这种负面情绪也会带给与他接触的人,没人会喜欢这样的人。当一个人开始直面现实,学会面对困难,放弃抱怨,他将会感受到更多的快乐。看,改变了自己的卡西亚不仅缓和了与好友、同事间的矛盾,也获得了好的工作机会。所以不要因为磨难困苦而去抱怨,不要让抱怨阻碍了你的生活,试着放下它,去拥抱崭新的明天!

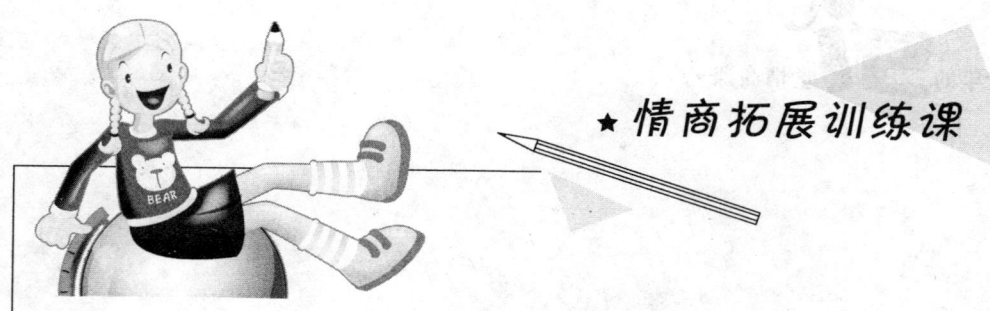

★ 情商拓展训练课

如何减少抱怨

抱怨于人无益，于事无补，只会破坏心情，使得我们的生活也变得不顺心。所以今天，我们要学着如何才能不抱怨。

1. 学会承担责任，学会自省。 现实中已发生的事情我们无法改变，倒不如收起抱怨，不给自己找借口推卸责任，检查事情的起因经过，找出问题所在，解决问题，承担起该有的责任。只有这样才能慢慢减少抱怨，拥抱幸福生活。

2. 己所不欲，勿施于人。 原本属于自己职责范畴的事情不要抱怨在他人身上，盲目抱怨只会让他人厌恶。比如，学习成绩不好时，不要抱怨老师教得不好或者考试题目太偏，一开始就要先从自己身上找原因，反省自己是不是不够努力，知识学得不够深入。

3. 少说多做。 遇到困难是不可避免的，抱怨不但浪费时间，可能还会让自身带上负能量，让自己失去自信甚至影响周围的人。因此，遇到困难的时候，少说多做，将注意力放在解决困难上，不找借口找方法，这样便能自然而然地减少抱怨了。

正确释放情绪

产生负面情绪是很正常的事。当负面情绪产生时,一味地压抑情绪会对身体和心理造成负担,但是以不当的方式释放情绪也会对自己和周围的人造成困扰。及时且正确地释放情绪,能够使我们保持良好且稳定的心情,对自己的身心健康和人际交往具有非常重要的意义。情商高的人往往能够采取妥善的方法处理自身情绪,在不伤害他人和自己的基础上,营造一个良好的生活、学习、工作氛围。

上体育课时,体育课代表科维奇在召集队员,准备跟二班开展一次篮球友谊赛,但是还差一个队员。

同班的尤金同学十分积极地参与报名,誓要打出个好成绩,却没想到他的加入遭到其他队员的反对,就连场边的啦啦队员都表现出明显的不乐意,大家都劝尤金不要给班级添乱。

尤金不高兴地说:"球赛刚好缺了一个队员,我上场不是刚好弥补空缺,帮助你们顺利开始比赛吗？凭什么不让我参赛？"

科维奇第一个反对道："你上回因为输了比赛，生气地将球砸向对方主力队员，差点把人砸进医院，咱们都差点被学校记过处分。"

"我那是维护正当利益。"尤金不服气地辩解道，"明明是对方要赖，我们没有输球。"

"我们这么多双眼睛可都看得明明白白的，输了球后又生气又砸球的人就是你。"啦啦队长维多利亚坚定地说，"这次的比赛你不能参加，友谊赛不仅要赛出成绩，更加要赛出风度。"

"哼！不打就不打，我还不稀罕呢。"尤金恼羞成怒地一跺脚，转身就走，没走几步便发现了一只篮球。听着身后唏嘘的谈论声与咯咯的笑声，尤金怒火攻心，捡起篮球就往身后的人群里砸去，把啦啦队的女孩们吓得哇哇大叫。但尤金丝毫不理会身后大家的指责，自顾自往前走，遇见什么踢什么，遇见路边的石头都要去踢几脚，想尽办法发泄着内心的怒火。

还有一次，同班的摩弗西斯领到了一张冰激凌第二份半价的优惠券，正在找人一起去买，好共享优惠。

"我陪你去吃。"尤金毛遂自荐道，"上周没吃成，今天一定要尝尝。"

但摩弗西斯急忙说道："上周你说好跟我一起去买，却因为排队等候的时间太久，自己一个人偷偷跑了，害得我那天一个人吃两份冰激凌，半夜拉肚子拉到虚脱，我绝对不会再找你了。"

尤金尴尬不已，恼羞成怒，一把抢过摩弗西斯手里的优惠券，"唰唰"撕成两半甩在摩弗西斯身上，气哼哼地走了。

伤心的摩弗西斯捧着残缺的优惠券，将此事告诉了班主任。班主任通过调查，竟然发现了尤金更多的"罪状"。班主任决定帮助尤金认识到自身存在的问

题，于是把尤金叫到办公室谈话。

班主任严肃地说道："输了球生气很正常，排队久了感到烦躁也很正常，同理，有同学当面指出你的错误，或是当面拒绝你，你感到尴尬，感到不堪，你因此而愤怒这也很正常，但是你表达情绪的方式并不正确。"

"别跟我说什么正确不正确了！"尤金不耐烦地说道，"为什么就没人理解一下我？"

"孩子，你必须正视这个问题。"班主任摸了摸尤金的脑袋，正色道，"看着我的眼睛，你也不想被同学们讨厌，是吗？"

注视着班主任的双眼，尤金心里的委屈忍不住蔓延出来："我不想被孤立，我想跟他们一起玩，我该怎么办？"

班主任温柔地说道："你应该学会控制自己的情绪，学会正确释放情绪。"

尤金疑惑地问道："正确释放情绪？这是什么意思？"

班主任立即以之前提到的几件事举例道："比如当你因为输了自己珍视的比赛而愤怒时，你可以选择朝着天空大声吼叫而不是用球砸人。因之前的错误被他人拒绝而感到尴尬时，你可以选择积极地去承认错误，从根本上解决问题化解尴尬，或是转移自己的注意力缓解尴尬，而不是攻击对方，加深伤害。"

"正确释放情绪好像并不困难。"尤金略一思索后说道。

"正确释放情绪其实很简单，难的是负面情绪产生的那一刻，你不要被它控制，而是要努力去控制它。"班主任接着说道，"当你感到愤怒、烦躁时，你可以试着在心里默数十秒，让自己平静下来，不要因为冲动去做一些伤害他人且不负责任的事。"

"好的。"尤金认真地说，"我以后生气再也不乱砸东西了，也不会再把朋友抛下，不会再伤害我的朋友。"

班主任欣慰地说:"学会了正确释放自己的情绪,你一定会重新被同学们喜爱的。"

尤金将班主任的话认真铭记在心里,在今后的生活中,非常注意对自身情绪的控制和释放,再也没有在社交场合做出令别人讨厌的举动,他的改变逐渐赢得了大家的认可,获得了被重新接纳的机会。

在这个故事中,尤金是一个好孩子,但他暴躁的性格不被大家喜爱,因为他总是不分场合、不分对象地释放自己的负面情绪,却不管会不会给他人造成伤害。当他被同学们孤立时,依然对自身问题毫无察觉。幸好,在班主任的引导下,他逐渐意识到正确释放情绪的重要性,并且努力运用方法改变自己,最终得到集体的重新接纳。由此可见,掌握释放情绪的正确方法是提升人际交往质量的有效措施,具备高情商的人往往能够选择适当的时机,给自身的情绪寻找合适的释放点。

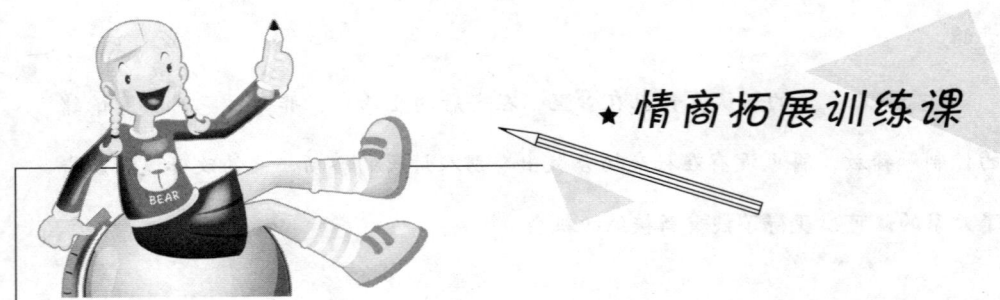

★ 情商拓展训练课

学会释放情绪

生活中我们总会遇到一些烦心事,产生一些负面情绪,如果你面对负面情绪的态度是一味地压抑自我,并非一件好事,为此我们可以学习怎样去合理地释放被压抑的情绪。

1.列出自己的经历。首先,准备好纸笔,将情绪产生的经过在第一张纸上写下,详细记录事件发生时他人的作为、自身的反应、事后的情绪波动等;其次,换另一张纸,从另外一个当事人的角度再次描述事件经过,记录下自身认为他会有怎样的感受、为什么会有那样的举动、后续会有怎样的反应等;最后,拿出第三张纸,以旁观者角度描述事情,尽可能客观公平地叙述。

2.与好友倾诉心声。有些自身难以消化的情绪,可以找好友倾诉。其一,让好友帮助开导自己,会减缓我们的负面情绪,使我们慢慢恢复平静;其二,当我们将从事件中得到的情绪分享给他人,就稀释了自身的一部分压力,从而释放内心压抑的情绪。

3.结伴出行,舒缓情绪。当我们受困于一种情绪时,不妨先将它放在一边,再策划一场外出,当成过去与现在的分界线,清空自身过去的消极情绪,舒缓身心以便迎接美好的明天。

细节决定成败

社交中的细节比我们想象中复杂得多,在一些我们不在意的细节当中,也许隐藏着独特的意义。细节有时甚至能决定成败,只要我们比他人细心一点,也许就能找到他人忽略的关键点,从而获得成功。国外就有这么一个经典案例。

有一家上市大公司准备寻找一个长期的合作单位为他们供应原料。因为合作的利润相当大,如果能得到这个合作机会,不仅能提升企业的效益,还能依靠上市公司这条大船,为自己的发展保驾护航,因此,在这家大公司放出消息后,很快就有十几家企业向这家上市大公司表达了合作意向。

经过层层选拔,大多数企业都被淘汰掉了,最后只剩下三家企业处在待定席位上,但三家中只有一家会被选择。这三家企业,不仅自身实力接近,而且他们带来的原料样品质量也不相上下。最重要的是,他们为了竞争,都将供货价格压到了最低,这让公司负责人有些不知道该如何抉择。为了尽快做出选择,负责人

决定对这三家企业进行一次实地考察。

负责人先是来到第一家企业。企业的老板表现得非常兴奋,他热情地向负责人介绍企业的各类机械设备及其人员配置。负责人对企业情况比较满意,但这一番巡视下来已经过去了好几个小时,为了能在当天将任务完成,所有人来不及休息,立刻赶赴下一家企业。第二家企业的情况与第一家非常接近,企业老板费尽口舌,拼命地向负责人介绍自己企业的优势,并且带着负责人在企业内部转了一圈又一圈,生怕他看得不够仔细。等到这两家企业考察结束,已经接近傍晚,负责人与随行人员一天没有休息,更是连一顿饭都没有吃过。此时他不仅身体感到十分疲惫,更是饥肠辘辘,但时间所剩不多,还有一家企业没有考察,大家只能强打起精神继续出发。

负责人来到了第三家企业,此时负责人虽然已经调动了全身所有的力气,但他的状态仍然很差劲,在谈话中也不免出现了失误,负责人感觉自己十分失礼。老板看到负责人的样子并没有多说什么,只是热情地请负责人一行人先去自己的办公室休息,边走边说道:"大家肯定累了,先休息一下。"两人到办公室之后,老板又让秘书准备好了咖啡和几盘点心,负责人吃过点心之后感觉舒服了很多,内心虽对这家企业的老板产生了好感,但没有多说什么。企业老板虽一再表示让负责人多休息一会,但负责人仍坚持先去考察巡视。

一番巡视下来,负责人对老板说道:"别的企业都是先带我去考察,好有充足的时间来介绍他们的企业,但是你为什么先带我去喝茶吃点心呢?这不是耽误工作吗?"

企业老板回答道:"我看您走路有些摇晃,整个人的状态比较差,想必今天这一天非常辛苦,可能连饭都没有来得及吃。如果咱们直接开始谈论工作,无疑是加重所有人的痛苦。还不如先休息一下,稍微吃一点东西,虽然会耽误一点时间，但对大家都有好处，而且工作的效率可能会更高，这样不是更好吗？"负责人听了企业老板的回答满意地点点头。

负责人回到公司就对这次合作作出了决定——选择了第三家公司进行合作。负责人针对这一结果给出的理由是："一个能够通过小细节来了解客户需要什么的企业，绝对会是一个有价值的合作伙伴；一个能够以小见大，通过小细节让人感到舒适的人，潜力也是无穷的。"

就如文中所述的第三家企业的老板，他通过观察细节来了解客户的需求，又通过一些细节的改变来让客户满意。他能够获得最终的胜利，是靠着对细节的把控能力。他注意到别人容易忽略的细节，发现隐藏在细节之中的事情，这是一种强大的能力。人与人交流中的一些不经意间的小动作，总是隐藏了很多重要的信息。如果我们能注意到这些重要细节和信息，也许就能了解别人的真实想法。只有去寻找细节，解读细节，才能真正做到感知他人，理解他人，让自己在人际交往中立于不败之地。

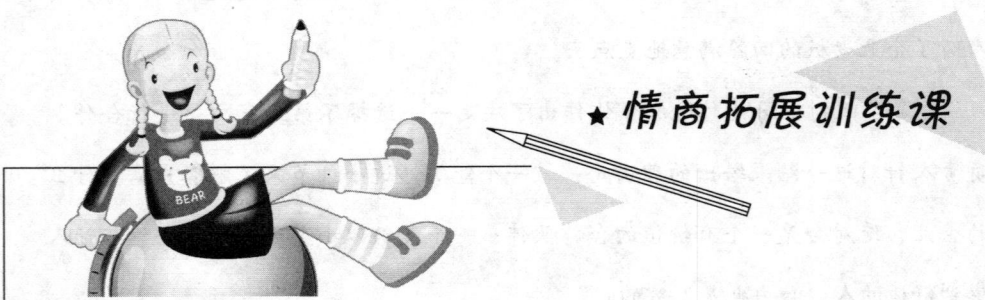

细节观察力的训练方法

生活中对于细节的观察能很大程度上活跃我们的理性思维，提高观察能力，我们可以通过以下方法进行练习：

方法一：以中等速度穿过你的房间、教室、办公室，迅速留意尽可能多的物体。然后回想，把你所看到的尽可能详细地说出来，最好写出来，再根据实际对照补充。在日常生活中，你也可以利用闲暇时间训练自己。例如，用眼睛去看眼前的物品几秒钟，然后回想其外观和特点等。所谓"心明眼亮"，这样可以有效锻炼视觉的灵敏度和大脑的记忆力。

方法二：每个人的外貌都有自己的特点，你能细致地描述熟悉的人的外貌特征吗？例如他的眼睛有多大，他是单眼皮还是双眼皮，眼白上是否有很多血丝，眼眶周围的皮肤是紧致的还是松弛的？他眼睫毛是浓密的还是疏松的，长的还是短的？这样的练习有助于锻炼自己的观察力和注意力，也能加深你对身边的人的了解。

独立思考，不受他人影响

我们总是能听到来自外界的不同声音，但如果没有独立思考的能力，我们就会不停地受到他人的影响，人云亦云，没有自己的想法。要想不被他人影响，我们就需要学会独立思考。

托马斯先生年轻有为，不仅事业做得风生水起，而且拥有一个幸福温馨的家庭。最让他感到骄傲的是他的儿子小托马斯。小托马斯不仅非常聪明，而且特别乖巧，不论托马斯先生让他去做什么，小托马斯总是会不遗余力地完成，这让他在朋友面前总能炫耀一番。但是今天这份荣耀被打破了，这是他第一次被儿子的老师约见谈话。

托马斯在去学校的路上，内心满是疑惑，毕竟凭着小托马斯的品行是不可能闯祸的。在见到老师之后，托马斯开门见山地问出了心中的疑惑。老师听后说道："您的孩子学习上的表现是挺好的，不过经常有同学跟我反映他待人的态度

总是时好时坏,心情也阴晴不定,没有人愿意跟他做朋友,目前他的情况令人十分担心。"

"这不可能,我的儿子很遵守规矩的,而且他跟我们邻居的孩子彼得一直都很要好,怎么会没有朋友呢?"托马斯反驳道。

"今天他们也闹掰了!"老师继续说道,"这正是今天叫您来的原因,希望您能跟他好好谈一谈。"

托马斯先生心中满是不解,回到家后将老师说的话跟儿子复述了一遍。见小托马斯听后低头不语,他小心地问道:"儿子,那你能先说说为什么跟好朋友闹掰了吗?"

"这不能怪我!"小托马斯语气反而坚定了,他继续说道,"彼得之前跟另一个同学闹翻了,我一直都是站在他这一边的,但是今天那个同学跟我说了他俩闹翻的原因,还说这都是彼得的错。"

"然后呢?你相信了,是吗?"托马斯先生继续小心地问着儿子。

"是的,我开始觉得彼得很讨厌。"

托马斯先生听完没有再多问什么,他并不知道儿子的问题到底出在哪里。第二天,他又去找了儿子的老师,将昨天的事情原原本本地跟老师讲了一遍,希望能知道小托马斯到底问题出在了哪里。

老师叹了一口气说:"小托马斯是因为您才犯错的。"这让托马斯先生一头雾水。

老师继续说道:"这样说吧,您说您的儿子非常乖巧,让他怎么做他就会怎么做,可是您从没有让他想过为什么要这样做,这是在剥夺他思考的权利!时间长了,不论什么事他都只会听从别人的意见。就像昨天的事一样,一开始他相信彼得,后来因为别人的几句话,他就开始讨厌彼得,他自己完全没有想过这件事中两人行为的对错。您是不是该反思一下您自己的教育方式呢？"

老师的话让托马斯先生恍然大悟，原来，儿子最让自己感到骄傲的地方反而是他的缺点所在，自己每次告诉他要怎么做，却从不告诉他为什么要这么做，没有教会他如何独立地去思考。他的教育完全把孩子培养成了一个机器，使得他只会一味地去接受信息，而从来不会去思考信息是否正确，才让他对人的态度总是有大的波动。因为别人喜欢的他跟着喜欢，一旦别人不喜欢了，他便跟着讨厌。他觉得他人认可或是否定的也是自己应该认可或者否定的。不会独立思考，只会随波逐流，这才让他失去了朋友。

如果不能独立思考，就会被人"牵着鼻子走"，情绪自然也会受到他人左右。我们需要拥有自己独立的思维逻辑，任何事情都要认真分析，才能不被他人的主观情绪影响，这才是一个高情商的人应该有的表现。

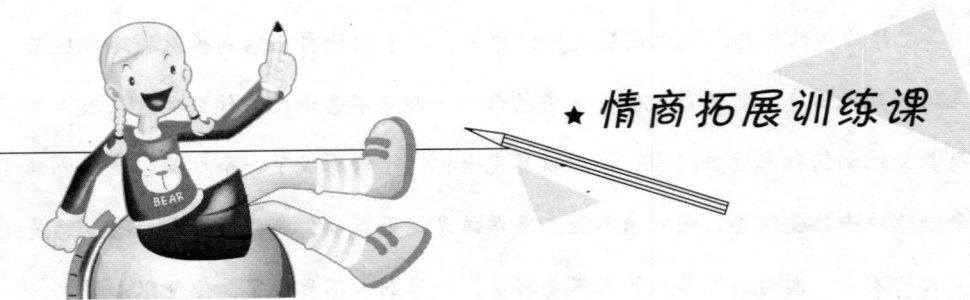

培养独立思考能力的四种方法

我们知道,独立思考能力是一项十分重要的技能,那么,如何提高这项至关重要的能力呢?

1. 不可依赖习惯性思维。你可以通过限制习惯性观点的摄入量来增加你独立思考的量。例如,遇到事情,抛弃脑海中浮现的第一个解决办法,然后再从其他角度去思考解决的办法。

2. 寻找与自己现有观点相矛盾的点。主动寻找与自己原有观点不一致的观点,分析思考它们的立足点和论据,想象一下如果是自己持有这一观点,会如何去表达。这样更有利于我们全面地看待问题。

3. 勇于接受新事物。不要总去相同的场所,吃相同的食物,与相同的人聊天。你可以积极地追寻新的经历,勇于接受新事物。许多人习惯了这种简单的生活方式,这样可以带来安全感。但如果你想独立地思考,你需要跳出你所习惯的圈子。

4. 学会质疑。你可以尝试养成质疑的习惯,不要认为那些"真理"是不证自明的,让自己确信在逻辑的后面还需要事实的支撑,再理性地作出判断。

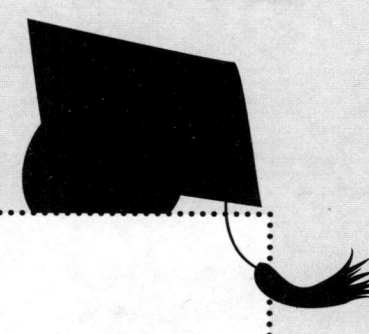

★ 第二模块
开阔视野,激发潜能

储蓄能量，开拓未来

我们在成长的路上会遇到很多苦恼的事情，比如他人的不信任、不看好、冷落甚至嘲笑，让我们在人际交往中感受到压力。但一时遭遇低谷不代表人生永远就是如此，它恰恰说明有机会重新攀登和前进，在人生的道路上坚持不懈地前进，才能开拓更广阔的未来。

有一个小男孩，因为长得憨头憨脑，行为举止又十分怪异、笨拙，总是被同学们嘲笑。小男孩没有朋友，但他平时学习十分认真。他总是按时上交作业，认真地朗诵课文。只是他每次朗诵的时候表情都很滑稽，所以一到他朗诵课文的时候，同学们就会笑个不停。教室里的学生不停发笑，严重影响课堂秩序，令老师无法继续讲课。负责讲课的老师让小男孩选其他的班级，不要影响自己。除此之外，其他学科的老师也认为小男孩不适合待在自己所教的班级，认为他拖了班级后腿。

外人不喜欢他，小男孩的爸爸也认为他脑子不正常，没有给予过他多少关爱。小男孩在这种被排斥的环境中慢慢长大、毕业。离开学校，他再次遭遇了现实的打击。他四处找工作，但是因为他笨拙而幼稚的举止还有无厘头的喜感，没有公司愿意录用他。四处奔波无果的他十分郁闷，整日将自己关在房间里，借酒浇愁。

他的母亲是个花匠。有一天母亲把他带到花园，指着她种的各种花草对他说："每种花都有开放的机会，那些还没有开放的，只是未等到合适的季节。人也一样，每个人都有机会成功，只是还没有等到合适的时机。但是，花草在没有遇到适合自己开放的季节时，需要吸收养分和阳光，储蓄足够的能量等待属于自己的季节来临。所以，你现在也要学习更多的知识，经历更多的挫折，积累更多的人生智慧，等到属于你的季节一到，你自然会绽放出美丽的人生之花。"

颓废的他听了母亲这番话之后，感觉浑身充满了力量。后来，尽管他找工作时还是遭遇了很多异样的眼光，但是他没有放弃。他相信他必定有比常人优秀的地方，只要他用乐观勇敢的心态去面对一切困难，属于自己的成功的季节一定会到来。后来他转变方向，尝试去当演员。他又参加了很多面试，结果都石沉大海，但是他一直坚持着。一次偶然的机会，英国《非9点新闻》剧组的导演看到他的表演之后情不自禁地哈哈大笑起来，因此他幸运地被录取了。

他叫艾金森，就是我们熟知的喜剧演员"憨豆先生"。他饰演的《憨豆先生》一片票房在欧洲突破了一亿美元。这部电影在美国公映时，也得到了大众的好评。正如艾金森的母亲所说，他储蓄着能量，赢来了成功。

人无完人，每个人都有不足之处，每个人都是不一样的花朵，只要你不断积累自身能量，丰富自己，开拓自己，就一定会迎来花香四溢的未来，赢得他人的

尊重与喜爱。

★ 情商拓展训练课

怎样让自己坚持学习

作为学生，加强新知识的学习，拓展自己的知识面，提升自身实力，是让我们迅速成长的一大途径。学习是一件需要毅力长久坚持的事，想要时时保持对学习的兴趣，坚持不懈地学习，我们需要一份有效的学习计划。

1.将自己所有的学习计划依次列明于本子上，并按照轻重缓急进行分类。 可依次将它们分为"紧急重要的学习""重要不紧急的学习""紧急不重要的学习""既不紧急又不重要的学习"，将最后一项除开，减负学习计划。

2.将每天的时间进行规划，到点学习。 可以将计划告知父母、好友或者老师，让他们监督你，这样可以让你多一道完成计划的保障。

3.设定完成学习计划后的自我奖励和未完成的惩罚措施。 比如今天的学习计划完成了，就奖励自己看半小时的电视或者其他活动；若是今天的学习计划未完成，则惩罚自己进行跳绳、跑步等体育训练。

扬长避短，发挥潜能

在人际交往中扬长避短，避开自己不擅长的领域，在自己熟悉的领域中大展拳脚，是获取他人好感、赢得他人认可的一大技巧。当然扬长避短并不是指永远停留在自己的舒适区内，而是立足于自己的长处，发挥潜能，开阔眼界，激励自己进入更广阔的天空，以优补劣。

高二年级的李小明同学素来争强好胜，无论什么比赛都爱和人一争高下。最近学校正在举办运动会，李小明同学准备报名所有的运动项目，而事实上他日常进行的运动仅限于偶尔与同寝室的同学打乒乓球。

"小明同学，运动会规定每个人最多报三个项目，"体育委员找李小明商量道，"你要不专心准备一个你最拿手的项目吧？"

"这是什么破规定，我明明是夺冠的种子选手，怎么能只报一个项目？"李小明不满意地说道，"这分明是在阻止我给班级争夺荣誉。"

体育委员为难地说道:"但这是规定……"

"算了算了,那就把最难的三个项目交给我吧,那些简单项目的第一名我就让给别人好了。"李小明摆出一副很大度的样子,"嘿嘿,这也算我个人具有王者风度的表现不是吗?"

运动会第一天,刚抛完铅球的李小明又急急忙忙赶去参加接力跑比赛,终于"无所不能"的他在比赛中摔倒,最后通过队友们的"接力背"送到医务室里接受治疗。

拄着拐杖的李小明坐在运动会的看台上,看到许多同学接连在他们擅长的比赛中获奖,享受着老师与其他同学的夸赞,他虽然嘴上不说,但心里十分羡慕。

"这不是我们班的'全能王'李小明吗?怎么坐在观众席看热闹呀?"一名平时就对李小明不满的男生凑上前说。

"什么'全能王',我看就是个大话精,他也就嘴皮子耍得溜。"另一个女生接腔。

李小明觉得又恼又羞,却没有底气去争辩。班主任很快发现了李小明情绪低落,他决定好好开导一下这位"优秀学生"。

"小明同学,你平常跑步比赛一般跑第几名啊?"班主任假装好奇地上前询问道。

"呃……马马虎虎吧。"李小明撇着嘴道。

"那你怎么这么自信能拿金牌呢?毕竟还有那么多体育成绩好的学生在比赛呢。"班主任故意夸张地说道。

"呃……因为……因为……"

李小明嗫嚅着不知如何回答,脸蛋都憋红了。

"小明同学,我听说你上回在区里的演讲比赛中拿了一等奖,真是太厉害了！"班主任竖起一根大拇指大声夸奖道，"老师平常就发现你口才了得，普通话标准，音调铿锵，老师觉得你十分有演讲天赋。"

听到班主任的夸赞，李小明害羞又得意地挠了挠脑袋道："嘿嘿，哪有哪有，我不过是刚好有点能说会道而已。"

班主任接着说道："现在学校举办运动会，校园广播站正在招同步播音员为运动健儿打气加油，你有没有兴趣去好好表现表现？"

看着班主任期许的目光，李小明拍拍胸脯自信地说道："您放心吧，我一定给咱们班争光。"

李小明就这样在同学的搀扶下拄着拐杖一瘸一拐地朝着新的"战场"——广播站出发了。

"这是一个新的起点，转过这个弯道，迎接你的将是最后的挑战，最终的胜利。高二二班陈浩，加油！"

"时间在流逝，赛道在延伸，成功在你面前，热血在沸腾，辉煌在你脚下铸就。加油吧！高二三班杨帆。"

"高二二班的运动健儿们，胜负只在转瞬之间，不论结果如何，你们都走到了最后，你们都是最后的胜利者！"

"高二二班张子涵，加油！没有翻不过的高山，没有到不了的终点，只要坚持到底，你就是我们的英雄！"

…………

运动会终于结束，李小明播报完自己写的最后一篇稿子，准备离开逐渐熟悉的广播站，此时许多同学特意赶来接行动不便的李小明。

"小明同学，刚才听到你的加油打气我觉得整个人都充满了力量，你的声音真是太有激情，太有感染力了。"陈浩说道。

"小明同学,你都不知道,我当时听到你为我加油心里有多激动。"张子涵说道。

"是的,我也觉得。"另一名同学也说。

…………

面对同学们的夸赞,李小明有些害羞,脸上却不由得绽开了灿烂的笑容。经过这件事,李小明渐渐懂得了自己应该正视自己的长处与短处。发挥自己的特长让自己在广播站的岗位上站稳脚跟,即使这里没有冠军的荣誉赐给他,但当他推开广播站的大门,却有热情的同学们在迎接他,与他共同分享成功的喜悦。

在这个故事中,李小明同学最初并不了解自身的优势,他只是单纯地想要夺取冠军,享受同学们的赞誉,却在自己不擅长的竞赛领域中受伤。后来经由班主任提点,李小明决定发挥自己的演讲特长,专心投入广播站的工作中,为参加比赛的同学们加油鼓劲,他的努力最终得到了同学们的一致夸奖。由此可见,扬长避短是我们发挥潜能的一个突破点,也是提升个人情商、获得他人认可的一个重要方式。

★ 情商拓展训练课

学会扬长避短

每个人都会有自己的特长,只要善于利用,就能发挥巨大的作用,所以,下面我们就来学习一些小方法,做到扬长避短,迎来自信辉煌的人生。

1.了解自身,准确定位。只有足够了解自身,掌握自己的优缺点才能迅速地避开弱点,不受弱点的影响。所以我们的第一步应该找准自己的定位。

2.直面不足,勇于修整。金无足赤,人无完人。面对自身的缺点,与其自怨自艾,逃避现实,不如坦然面对,正视自己的缺点。看清不足,然后及时改正,才能逐步完善自我。

3.强化优势,扬长避短。学习别人的长处,弥补自己的不足,在看到不足的同时,强化稳固自己的优势,让自己的优势成为自身的特质。

做到这些,我们才能在生活中立于不败之地。

培养高雅情趣，领悟生活之美

高雅情趣对个人的身心发展具有极大的促进作用，它能帮助我们建立乐观开朗、积极进取的生活态度，也能帮助我们在艰难的环境中保持对美好生活的向往。生活情趣低级的人往往精神颓废、不思进取、贪图安逸，常常忽略生活中的各种美好。因此，低级的生活情趣不利于青少年的身心成长。拥有高雅情趣的人通常拥有更加健康乐观的心理，在日常生活中也表现出较高的情商。当情绪有了正确的寄托，及时化解压抑在心里的不良情绪，我们在人际交往中便可以少了许多不必要的计较，也能够以更加开阔的胸襟去接纳他人。

艾米莉亚在一群喜好吵闹的学生里显得格外突出，因为她总是安静地坐着，默默地望着窗外，似乎在欣赏风景，又似乎仅仅在发呆。班主任凯西老师很好奇小艾米莉亚在看什么，放学后她来到艾米莉亚的座位坐下，往窗外看，但看见的却只是高高的水泥围墙和狭窄的一角蓝天。

艾米莉亚没有朋友，周围同学也觉得她很奇怪。

"她总是独来独往。"

"她除了发呆什么也不会。"

"她是我们班有名的'小哑巴'。"

……

凯西老师从学籍档案上了解到，在艾米莉亚九岁的时候，她的爸爸遭遇车祸不幸去世，她的妈妈数月后也抑郁而终。在一年内经历两位至亲的相继离世，原本活泼开朗的她一夜间变得沉默起来。世界似乎被黑暗笼罩，生活仿佛再无美好，小艾米莉亚逐渐将自己封闭，与外界隔离，甚至不愿开口说话，变成了别人眼里的"小哑巴"。

"真是一个可怜的孩子，我该如何帮助她呢？"凯西老师感受到了身上沉甸甸的责任，她希望能与艾米莉亚好好聊一聊。

"请问窗外是什么在吸引你？"凯西老师走到艾米莉亚身边轻声询问道，嘴角带着亲切的微笑。

正望着窗外的艾米莉亚仿佛受到了惊吓一般，慌忙将自己缩了起来，垂着脑袋，没有看老师，也没有回答，全身上下都在发出拒绝交流的信号。

凯西老师有几分泄气，这时她的目光突然被桌上的课本吸引了。

"哇！真漂亮！封面上的康乃馨是你自己画的吗？真是太美了！"即使只有铅笔的粗糙勾勒，也能看出花儿的娇美和圣洁。

听着班主任真心的赞美声，艾米莉亚犹豫地微微点了点头。虽然依旧没有看自己，但也让凯西老师十分惊喜，她想到了一个好主意。

第二天上课时，凯西老师突然宣布了一个重要消息："同学们请注意！下个月十号本市将举办绘画比赛，我们班将推选五位选手参赛，他们分别是：杰克、

丹妮尔、珍妮、保利和艾米莉亚。"

在艾米莉亚难以置信的目光中,凯西老师带着微笑继续说道:"为了给班级争夺荣誉,这五位同学近期需要辛苦一些,每天放学后都要留在学校练习。让我们一起为选手们鼓掌吧!"

"艾米莉亚,加油!"在一阵阵欢呼和鼓掌声中,艾米莉亚听见有人在喊她的名字,在给她加油打气,她沉寂的心感受到了一丝波动。

放学后,艾米莉亚焦急地想跟老师解释什么,但支支吾吾许久也没吐出一个完整的词汇。

凯西老师邀请了美术老师给五位选手进行指导。艾米莉亚虽然没有接受过专业的训练,但空白的画纸使她能够尽情地发挥想象力,也让她原本焦急地想逃走的心慢慢地沉浸下来,即使夜色渐浓,她也舍不得放下手中的画笔。

为了从老师那得到更多的指点,艾米莉亚不得不磕磕绊绊地开口,主动与指导老师交流。这样过了一段时间,她的语速愈加流利,同学们这才惊讶地发现,原来"小哑巴"并不是真哑巴。

经过一个多月的练习,艾米莉亚在绘画上的天赋逐渐展现,她的作品赢得了大家的赞赏。每天一同训练的几个小伙伴之间,逐渐建立起牢固的友谊,大家都很喜欢画画好看、待人随和又有点害羞的艾米莉亚,非常愿意与她成为朋友。

多年积压的负面情绪通过小小的画笔释放出来,浓烈的感情仿佛要溢出纸面,与绚烂的颜色共同交织成一幅幅完美的画作。艾米莉亚果然不负众望,在绘画比赛中一举夺冠,每位同学见到她都竖起大拇指称赞她。某一天,艾米莉亚惊讶地发现,她曾经日日凝望的那堵围墙居然被装饰成了她的个人画作展览墙,供全校师生欣赏她的画作。斑驳的围墙被粉刷一新,并且挂上了五颜六色的图画,就像艾米莉亚心头逐渐愈合的伤口,她的人生不再是一片暗淡无光的天空。

绘画作为一项高雅的艺术活动，能够增添人们生活中的情趣。艾米莉亚便是通过学习绘画，发掘出自己隐藏的潜能，在绘画的快乐中逐步走出曾经的阴影。艾米莉亚在短时间内发生了翻天覆地的改变，她变得自信、乐观、开朗，不再将自己隔绝于人世之外，而是在正常的人际交往中慢慢提升个人情商，通过自身努力去结识许多新朋友。通过学习绘画，艾米莉亚重新拾回对美好生活的追求，而不再是久久沉浸于过去的悲痛之中无法自拔。由此可见通过培养高雅情趣，即使面对艰难的环境，也依然能品味生活之美。

★ 情商拓展训练课

怎样培养兴趣爱好

每个人的兴趣都是经过后天的培养，在一定环境影响下养成的。下面就让我们来说说，怎样才能培养自身兴趣爱好，推动自身成长吧！

1.对待事物保持好奇心，广泛发展兴趣。居里夫人说过："好奇心是学者的第一美德。"兴趣总是从好奇开始。好奇心让我们渴望探索身边的未知事物，从而发展新的兴趣。

2.多培养高雅健康的兴趣爱好，不断提升自己。我们要会正确辨别区分什么是高雅健康的兴趣爱好，什么是庸俗低级的兴趣爱好。对自己的不良兴趣爱好要及时抛弃，以免让自己走上邪路；对自己的健康成长有益的兴趣爱好我们要以积极的态度主动培养。

3.积极参与实践活动，深化兴趣。实践能帮助我们激发自己的兴趣，在实践中取得一定成绩，可以让人产生成就感，从而感受到成功的乐趣。这可以增强我们对于成功的渴望，去深入培养自身兴趣。而实践中，出现的新的未知领域，也会激发我们探求的欲望。实践活动还会使我们对已有兴趣的事物进一步认识了解，增强兴趣。

读书：最简便的视野开拓方式

托尔斯泰曾经说过："理想的书籍是智慧的钥匙。"多读书，读好书，生命便会变得更充实。优质的书籍是耀眼的明灯，不仅会在你人生的迷茫时期为你指明道路，而且能在日常的人际交往中直线提升你的魅力。开阔视野是提高情商的重要方式。而开阔视野，可从静下心来品读一本好书开始。

万斯同是清朝初期的大学者、史学家，他参与编撰了《二十四史》，为我们留下了宝贵的文化遗产，也成就了他个人不朽的人格魅力。人们可能觉得万斯同从小便是一个潜心读书的孩子，其实不然，万斯同小时候特别调皮，整天在外面惹是生非，不读书，不知礼，也不讨周围的人喜欢。

有一次，万斯同的父亲宴请宾客时，他闯了祸被客人们责骂。万斯同觉得丢了面子，一气之下把桌子都掀翻了。

父亲非常生气，把万斯同关进了书屋，让他闭门思过，并警告他不读完要背

的书，不准出来。万斯同一开始和父亲赌气，坚决不看书。

慢慢地，他的气也消得差不多了，便开始翻阅那些本以为毫无用处的书籍。书中记载的许多历史故事很快就吸引了他，万斯同这才发现书中原来有这么多有趣的东西。通过与书中名人雅士的行为举止作对比，万斯同认识到自己在宴会上的举动是多么粗俗无礼，于是开始反思自己平日的行为。

万斯同静下心读书后，明白了父亲是希望他反省自己。贪玩会荒废学业，读书才能丰富人生。开窍后的万斯同潜心苦读，不仅从书中积累了大量文化知识，还从中懂得了许多待人接物的道理。

多年后，万斯同终于成了一名彬彬有礼的著名学者，广受人们敬仰，没有辜负父亲对他的期望。

读书贵在坚持，罗马不是一天建成的。持续地从书籍中汲取养分，才能增长你的智慧，增加你生命的厚度，让你能够站在更高的地方眺望远方。

★ 情商拓展训练课

读书四法

"读书何所求？将以通事理。"读书对我们眼界的开拓、个人魅力的形成等方面都大有裨益。但读书切忌囫囵吞枣，草草带过，而是讲究读有其法。

1. 好记性不如烂笔头

一边读书，一边将暂时无法吸收或是值得反复咀嚼的知识点从书中摘录下来，有助于人们梳理整本书的精华，获得事半功倍的读书效果。

2. 学而时习之

学过的内容在适当的时候加以温习，有利于我们加深学习印象，巩固知识。温习的方式多种多样，可以是将要遗忘的知识对照书本重温，也可以在睡前或其他空余时间闭上双眼回忆书本中的内容。

3. 柳暗花明又一村

遇到书中一时无法理解的点，可适量采用跳读法将其暂且搁置，沿着接下来的点继续往下读。待到文章读完，许多情节要点便自然通畅了。跳读法有助于提高阅读速度，把握全书精要。

4. 积跬步，至千里

读书贵在坚持，学习对于人的助益是缓慢而长久的。通过持续学习，将点点滴滴的知识集腋成裘，最终消化吸收为自己内在的素养。

外物之味，久则可厌，读书之味，愈久愈深。希望以上读书方法，能够帮助你更高效地读书。

开阔眼界，提升自我

眼界可以影响人的思维方式和行为方向，进而影响人的成就。眼界开阔的人往往拥有较高的情商，他们更容易跳出自己的舒适圈，去学习新的知识，认识新的朋友，并取得更高的人生成就。在这个高速发展的信息化社会，不主动更新自己的学识和技能，不积极提升自己与人交际的情商，终将落后于同龄人。唯有开阔视野，勇敢地走出去见识更加广阔的天空，我们才能寻找到更多的机会和资源提升自我，获得一展才华的天地。

波特是一家上市公司的普通员工，工作稳定，薪水一般。他有个坚持多年的爱好——摄影。波特经常利用节假日外出旅行，享受着旅途中遇见的各式各样的风景和人物，并用自己在摄影网站学习到的摄影技术将这些它们保留下来。旅行和摄影让波特在世界各地结识了许多朋友。波特通过向朋友们学习，掌握了很多新知识。

午休用餐时，格尼向波特询问道："波特，我想为母亲选购一瓶红酒作为生日礼物，你有什么好的建议吗？"

"巴斯克赤霞珠干红葡萄酒或许能合您心意。这款红酒具有成熟的果香、清新的花香以及柔和的口感，余韵悠长，很适合像您母亲这样优雅的女士饮用。"

格尼听后不禁连连点头赞道："波特，你真是太博学了，这可解决了我的大问题。"

波特解释道："这都是我在葡萄牙认识的一位酒庄庄主朋友告诉我的，我只是照搬而已，那里还有成片的薰衣草花海，真是太美了。"

"波特，我也有个问题想咨询你。"另一位同事卡斯特一脸愁苦地说道，"女友的父亲约我下周一起去打高尔夫球，我该怎么选择一把合适的球杆呢？"

波特考虑了一会建议道："您可以考虑一下7号铁杆，这款球杆方向性较好，更适合初学者。"

"好的。"卡斯特开心地说，"周末要不要和我去球场比拼一下？"

"谢谢你的好意。"波特笑着说，"这周我准备去临市的小镇观赏油菜花，现在是油菜花最美丽的季节。"

卡斯特耸耸肩道："那真是太遗憾了。"

"哈哈，每个人都有自己的生活嘛。"格尼揽着卡斯特的肩膀说道，"我这周陪你去打高尔夫吧，你可别欺负我这个新人。"

"我也是个初学者，咱俩互相指教吧。"两人说笑着，列出了周末玩乐的全套计划。

周六，波特开着他的小轿车出发了，并且顺利地在日落之前赶到了目的地。

"波特，好久不见。"老远就有一位熟人跟他打招呼。

波特热情地给老朋友一个拥抱："皮耶尔，我猜到会在这遇见你。"

皮耶尔激动地说："那可不，我的咖啡店在这附近都经营数十年了，而这儿的风景更是美不胜收。今天有手磨咖啡，要不要来一杯？"

"在此之前，请让我把这片美丽的油菜花永久保存在相机里。"波特边说边取出自己心爱的相机，寻找着落日余晖下的最佳拍摄角度。

等波特拍到了满意的相片，两人才出发去皮耶尔的咖啡厅。

"我的朋友，没想到时隔多年，你还保留着摄影的爱好，真是太了不起了。"皮耶尔真心地赞叹道，"我能欣赏一下你的作品吗？"

"当然可以。"波特将自己的相机递过去，谦虚地说道，"作品谈不上，不过是随手拍的几张照片罢了，纯粹满足个人爱好。工作之余我会带着相机去各个地方，用相机记录下那些风景，真是一种享受。"

皮耶尔取出自己的眼镜仔细地浏览着刚刚拍摄的每一张照片，评论道："我看你对画面和光影色彩的把握水平可不低于专业水准啊。"

"我只是业余的，爱好而已，算不上专业。"波特笑了笑，谦虚地说道。

"是不是业余水平，我这可有位专家，他一看就知道。"皮耶尔神秘地说道，"我们请专家来评析。"

波特疑惑地问道："专家？"

"是的。"皮耶尔笑着说道，"我与著名杂志社的艾尼大师相识于威尼斯，他今天刚好来这附近出差，我请他来瞧瞧。"

波特焦急又害羞地阻拦道："皮耶尔，这多不好意思。"

但皮耶尔早已快速地跑进隔壁的雅座间，请来了一位老先生。

"皮耶尔说得没错，这里果然有一位隐藏的摄影天才。"艾尼大师仔细看完相机里保存的那些照片，摸摸胡子满意地赞赏道。

波特忐忑的心情终于得到舒缓，松了一口气，谢道："多谢您的夸奖，我虽然有意时时练习,但拍摄技巧都是自己对照着书本学习的,也不知道自己把握得是否到位。"

艾尼大师摸摸相机询问道:"这几张照片很符合我们杂志社近期的自然主题,不知您能否割爱?"紧接着他补充道,"当然,我们会付给您合理的报酬,并且希望您往后能与我们进行长期合作,您可愿意?"

波特顿时被巨大的惊喜砸得头脑发晕。成为一名摄影师是他儿时以来的梦想,而此时,这个机会正摆在他的面前,因此他毫不犹豫地说:"我愿意。"

艾尼大师满意地点点头,说道:"摄影是一门艺术,艺术的生发凭借的是天分与努力,这些照片说明你很有天分,而且能为一件不确定是否能成功的事坚持这么久,这也说明你足够努力。何况,刚才皮耶尔还告诉我,你十分喜欢旅游,喜欢尝试学习新事物,我想大概正因如此,我才在你的照片中看到了一种视野宽广的大气。这样的特质,可不是业余两个字能掩盖的。"

听了艾尼大师的话,波特绽开了笑容,他第一次觉得,自己离梦想这样近。

在这个故事中,波特经常利用业余时间四处旅行学习,波特开阔的眼界和广博的知识帮助他结交到了来自不同层次、领域的许多朋友,最终因为自己对于摄影的不懈坚持以及旅游中所开拓的广博视野而取得了成功。眼界开阔的人往往拥有更高的情商,有更多的机会扩展自己的人际交友圈,因而更利于实现个人的理想和追求。

★ 情商拓展训练课

如何开阔眼界挖掘自身的潜力

开阔眼界不是一件容易的事情,它需要克服种种困难,耐心细致地去逐步积累。那么,我们从现在起要如何做才能一点点开阔眼界,发掘自己的潜力,走向更好的未来呢?

1.开阔眼界,发展广泛的兴趣爱好。在日常生活中我们应该多去与人交往,拓展自己的交际圈。"目光所及的远方,便是你思维的墙。"接触多样的事物,培养自己广泛的兴趣爱好,这样才能更好地开拓自身的视野,发掘自身的潜能。

2.提升自我,用发展的眼光看问题。人一旦安于现状,不去思考怎样去提升自我进行改变,就会停滞不前。我们应当着眼于未来去尝试突破自己的现状,这样才能使自己立于不败之地。

3.大胆尝试,抛开原有经验去学习。我们总是习惯用自己固有的经验去看待事情面对问题,把自己局限在狭窄的范围之内,只有抛下原来的习惯,勇敢尝试不同的方法,才能不断发掘自我的潜能,让自己不断进步。

给生活增添一点新意

给生活增添一点新意——点餐时品尝一种与平时不同的食物，你将收获不一样的味蕾享受；回家时选择一条不一样的路线，你将收获不一样的风景体验；在空闲时给久未相见的朋友打一个电话；给陌生的路人送一声问候，你收获的东西一定会更多，不仅是人际关系的提升，还包括见闻的累积增长。富有情商的人，往往生活得更有情调，他们会重视给自己的生活增添新鲜感，也为周围的人带来更积极的交往体验。

肖健是一家公司的普通白领，每天往返于公司和家庭之间，两点一线的生活井然有序却索然无味。

这天下班时，肖健在自己家楼下遇到了一位迷路的老人，老人称自己的儿子住在这栋楼，却记不清门牌号。

肖健帮助老人到物业处进行核查，却没有找到相符的住户信息。听着老人条

理不甚清晰的言语,肖健这才后知后觉地发现老人可能患上了老年痴呆症,并从其上衣口袋里发现了一张写有"爱心养老院"的名片。折腾了好一阵,肖健才把老人安全地送回了养老院。

面对老人和养老院员工们的致谢,肖健有些不好意思,但同时内心也起了波澜,肖健意识到这件寻常的小事对于自己而言却是非同寻常的。

"真是一段难忘的经历。"第二天上班时,肖健在心里默默地想,"我昨天帮助了一位可怜的老人,做了一件非常有意义的好事,这种感觉真是太棒了。"

同事们也发现了肖健的好心情,他参与工作的积极性相比之前大涨,引得上司也好奇地询问原因。

在大家的追问下,肖健将这件事以及自己的感受告诉了大家,随后因此收获了大家的称赞,提升了自己在大家心目中的形象。

又迎来了一个清闲的周六,肖健如之前无数个休息日一样,赖了一会床,正在思考怎么打发时间时,耳边回响起那晚临走前,老人们拉着他的手一声声嘱咐,希望他能多去养老院看望他们。养老院的生活十分平淡,老人们也十分期盼跟年轻人相处,感受他们的活力。

正是阳春三月,养老院门口的广场上有许多放风筝的小孩,肖健在买水果的时候也顺手买了只风筝。

养老院的老人和员工们都非常热情地欢迎肖健的到来。肖健帮忙做了一些力所能及的劳动后,拿出准备好的风筝,在开阔地带放了起来。老人们在旁边围了一圈,兴致勃勃地看着他放风筝。

风筝越放越高,忽的一阵强风,吹走了肖健手中的线头,断线的风筝立马找不着影子了。

肖健沮丧地在空中寻觅着,心底埋怨自己的一时大意让老人们失望了。没料到一位九十高寿的老爷爷哈哈大笑道:"哈哈!展翅高飞,好意头!"

其他几位老人也很开心,让护工们取来了纸笔、糨糊和线头,还让肖健去树林里找一些细竹条,竟是要自己动手做风筝。

肖健兴致勃勃地照着老人们的指示忙前忙后,折腾了一下午,居然真做成了一只漂亮的风筝。细竹条做框架,糨糊和纸做成风筝面,再绑上结实的细线,就成了风筝的基本模型。一位国画造诣深厚的老人挥手题下"展翅高飞"四个大字,作为送给肖健"一日义工"的礼物。

肖健小心翼翼地将风筝带回了家,爱不释手地捧着。虽然礼物所使用的材料并不贵重,但风筝之上承载的心意使他的心暖洋洋的。"一日义工"不仅使他的周末活动变得丰富多彩,也使他内心得到了充实。在这一天,肖健不仅因与老人们的交谈在人生阅历上得到了增长,也收获了人与人之间的温暖。

在之后的生活中,肖健更加热衷尝试新事物,比如每周六去养老院当义工;去画展看画;尽量每天自己下厨,尝试一些新的菜式慰劳自己;节假日制订旅游计划,去看看一些只听闻过的风景;在工作中不再墨守成规,而是鼓励自己发现工作的乐趣,找出一些创新点;在任何事情上给自己多一些选择,努力使自己的每一天都充满新鲜感,而不是一下班就将自己锁在家里,一日一日重复相同的生活步骤。

慢慢地,肖健的生活态度感染了周围的人,大家都喜欢他身上这种对生活充满期待感的态度。整个办公室的工作环境都因他发生了改变,欢声笑语洋溢在曾经低沉压抑的空间里。

在这个故事中,这位年轻人每天都维持着枯燥乏味的工作和生活,忍受着孤独,但一个小小的事件却改变了他的整个人生。因为老人们的盛情邀请,肖健开

始了每周一次的义工之行,在服务养老院的同时,他也从老人们身上收获了许多知识和温暖,这使他更加醉心于尝试不一样的生活。当某天作出一个小小的改变,尝试一种没作过的选择,你就能收获一系列无法预料的惊喜。

怎样增加生活的新鲜感

生活是自己的,有人每天重复枯燥的生活,甚至厌倦自己的生活,而有些人,善于在平凡的生活中寻找新意,每天都在享受有趣的生活。那么如何在平凡的生活中添加一些新意,让自己的生活充满新鲜感呢?

1.我们可以尝试每天都增加一项新的学习计划,既能学习到知识又能在一天的生活当中增加新的乐趣。

2.我们可以每天都改掉自己一个小毛病,完善自我的同时还能感受到每天自己新的变化。

3.我们可以每天新认识并结交一位朋友,通过与新朋友的交流,拓展自己的生活圈,感受不同的世界。

4.我们可以记录下自己每一天的生活,并给出心得与自己的亲友进行交流。

广泛地交友

哈佛大学通过一项长达七十五年的实验研究，得出了一个非常明确的结论：良好的人际关系让我们更快乐、更健康。人类作为一种群居动物，天性决定了每个人对社交的需求。通过与不同类型的人交往沟通，我们能不断开拓自己的人际渠道，学会用不同的眼光打量自己所处的世界，从而增加信息源，提高自己的见识与成功的可能性。高情商的人往往会主动拓宽自己的交际面，不断结交新朋友。而认识新朋友，并没有我们想象中那么困难，一声你好，两三句介绍，四五次闲聊，两个陌生人便能慢慢成为朋友。

路易斯是报社的一名记者，这天社长委派他去采访附近小镇上的一位画家，这位画家不仅画什么都惟妙惟肖，而且相比于其他画家的作品，还多了几分生气，因此很受欢迎。

这个小镇远离城市，人烟稀少，路易斯转悠了许久，才找到了几座矮矮的平

房。路易斯朝平房走去,远远地便听见了敲击声和男人们交谈的声音。

"午安。"路易斯礼貌地问候正在钉木柜的工人:"我是S报社的记者,请问波利画家住在这里吗?"

工人们停下手中的工作,打量了一眼这位年轻的记者,问:"波利画家?"

"是的。"路易斯回答道,"我曾在市中心的画展上观赏过他的作品,这次受报社委派前来采访他。"

"我跟波利可是多年的好朋友,今天早上还在餐厅一起用过早茶,聊了许多有趣的话题。"工人笑着说道,"你可以继续往前走,去茶餐厅看看,画家可能还在那。"

路易斯顺着工人的指引,找到了一家装饰陈旧的茶餐厅。轻轻推开餐厅的木门,耳边响起了一阵清脆的风铃声。

"您好啊,新来的小伙子。"老板娘热情地招呼道,"请问要喝些什么?"

"一杯冰柠檬水,谢谢。"路易斯说道,在吧台边的转椅上坐下,并取下自己脖子上的相机放在柜台上。

"好的,马上就好。"老板娘手脚麻利地榨汁盛杯,从冰柜里夹出几块冰块,递给路易斯说道,"柠檬是每天早上新采购的,您慢用。"

路易斯喝了一大口,酸甜的滋味在味蕾上跳跃,在这个炎热的夏天里,整个人立马凉爽下来,赞赏道:"老板娘,您的手艺真不错。"

老板娘豪爽地笑道:"波利也经常这么说。"

"是吗?您说的波利,是不是会画画?"

"是的,他是一位令人尊敬的画家。"

路易斯惊喜地说道:"请问您跟画家熟悉吗?可以向我提供一些波利画家的信息吗?我是一名记者,准备写一篇有关波利画家的报道。"

"那当然，波利每天都来我的餐厅吃饭，我们是朋友。"老板娘自豪地说道，"年轻人，你看看墙上，那幅画就是去年我生日时他送给我的。"

路易斯闻言转过头，仔细去观赏墙上的画作。那幅画显然是站在老板娘柜台的角度描绘整个茶餐厅内的景象。餐厅里的陈设虽已有些破旧，却被擦拭得干净整洁，从窗户倾洒进来的一点光亮给整个餐厅笼罩了一层温馨愉悦的氛围，给人一种美好时光的感觉。

路易斯又转头看了看老板娘，老板娘嘴角时刻洋溢的灿烂笑容似乎就是这幅画想要表达的含义。即使衣着朴素，独自一人支撑起这间破旧的餐厅，这个柔弱的女人依然努力将地板和桌子擦拭到发亮，保持着积极乐观的生活态度。

路易斯随即向老板娘表明想要采访画家的意愿，老板娘说："他的画就像他的人一样，真实而有温度。不过你要是想知道他的更多信息，我建议你去农场看看，画家总喜欢去农场写生，你可以了解更多他的信息。"

农场开设在山间一片平坦的草地上，路易斯在那儿没找到画家，只看见一位辛勤工作的老奶奶。

路易斯放下相机，挽起袖子，上前帮助老奶奶一起除草挑粪，一个多小时后才把活干完。

"小伙子，今天真是多谢你了。"老奶奶感动地说，"平常波利都会来帮我，但他今天生病了，没想到我又碰上了一个好心人。"

路易斯擦擦鬓角的汗水，好奇地问道："老奶奶，您也跟画家很熟吗？"

"这个镇上的人，哪有跟波利不熟的？镇上的司令官罗夫斯、邮差谢尔……我们都是波利先生的朋友。"老奶奶提起画家时满脸欢笑，欣慰地说道，"波利画家乐于助人，喜欢四处交朋友，对谁都能够真心相待，我们都非常喜欢他。"

老奶奶继而拿出一篮子鸡蛋塞给路易斯说道："去找画家吧，你们可以好好聊聊，这些鸡蛋送给你们。"

路易斯提着鸡蛋，终于来到了画家的家门前。这间房子与镇上其他的房子一样，低低矮矮的并不起眼。

画家听见敲门声，热情地邀请路易斯进屋，屋外虽然不起眼，屋内却是别有洞天。

墙上挂满了画作，地上和画板上也有许多未完成的作品。

路易斯一路慢慢看过去，却发现都是自己今天见过的画面。

草地上悠闲自在的奶牛和绵羊是那么可爱，附近散落着几只花母鸡在追逐着一只神气的大公鸡，显然这是农场老奶奶每天都能看见的画面，她虽然一大把年纪了依然在农场中为了生计操劳，但看见动物们健康活力的样子却也由衷欢喜。

另一幅画中，一间封闭狭窄的工作室中摆满了制作好的木头家具，但是仔细观看，却能从每件家具精美的雕刻工艺中感受到制作者的良苦用心，每一件家具都是汗水凝结的作品，体现了手工艺匠人们的独特情怀。

"每一个新朋友都能给我带来不一样的创作思路，无论他们是工人、商人、农民还是政府官员，也无论你从事何种职业，一个新朋友就是一种新的享受，一个新的契机。广泛地交友，艺术地生活。"画家认真地说，"从他们的生活视角出发，我看到了不一样的世界，这给我的创作带来启发，而我自己也因为有着各不相同的朋友而快乐充实。"

波利通过结交朋友丰富了自己的交际圈，也为自己的画作增添了无限的生机。正如波利所说："无论你从事何种职业，一个新朋友就是一种新的享受，一个新的契机。"广泛地结交朋友正是开阔视野、激发潜能的有效方式。

★ 情商拓展训练课

怎样结交到新朋友

罗曼·罗兰说过："有了朋友，生活才显出它全部的价值；一个人活着是为了朋友；保持自己生命的完整，不受时间侵蚀，也是为了朋友。"朋友对于我们而言是重要的存在，但很多时候，我们又会觉得自己身边的朋友很少，总想着认识更多的朋友，却苦于不知怎样去结交新朋友。其实结交新朋友并不难，不妨试试下面几个简单的方法：

1. 通过已有的好友结识。每个人都有自己的朋友圈，我们可以有意识地去结识已有的好友朋友圈里的人，在老朋友的基础上去认识新的朋友，也能加强与好友之间的亲密关系。

2. 通过联谊等活动结识。不管是班级活动或者私下朋友之间的聚会活动，都是结交朋友的好机会，不仅能与同学加强联系，融入他们的世界，还能结交到新朋友，一举两得。

3. 通过兴趣培训班结识。我们可以主动去参加一些兴趣培训班，比如喜欢美食的人可以去参加一些料理课，喜欢体育锻炼的朋友可以去参加一些体育特长班，喜欢写作的可以参加一些写作培训课，在培训的同时会让我们遇到许多趣味相投的人，从而让我们结交到新朋友。

对于交友我们应当积极主动一点，永远被动就只能永远等待，希望我们都能结交到知心良伴！

人生不设限

尼克·胡哲说:"错的并不是我的身体,而是我对自己的人生设限,因而限制了我的视野,看不到生命的种种可能。"一个人能够取得的成就高低往往与他格局大小有直接的关联。大格局者不拘泥于眼前的处境,在事业与生活上富有抱负,目光长远。而小格局者却总爱给自己的人生设置种种限制,按部就班地让自己与目前的生活状态相匹配,从而限制了个人发展。

又是一年毕业季,眼看着周围的同学陆续都找到了心仪的工作,霍华德却还没得到一份正式的劳动合同。

毕业典礼结束后,全班同学商量好聚最后一餐。

当大家你一言我一语畅想着美好的未来时,霍华德却闷闷不乐,默默地借酒消愁。

大家很快发现了霍华德的不对劲。因为在平常的聚会活动上,霍华德总是最投入的那一个人，肩负着活跃气氛的重任，是所有人的开心果。但今天的霍华德却没有开口说过一句话，让大家感到十分不习惯。

了解他近况的威尔森凑过来安慰道："霍华德，你的能力是我们大家有目共睹的，只是现在还没遇到懂你的伯乐而已。"

威尔森的这番话得到了周围同学的赞同，霍华德却没有因此而快乐起来。

霍华德沮丧地说道："我这个月已经投出了十多份应聘经理的简历，却没有得到一次面试通知，我真是太失败了。"

威尔森思索了一会说道："霍华德，我认为你可以改变一下求职思路。"

贝尔也插嘴道："没有哪个公司敢让刚毕业的毛头小子担任经理职位。"

霍华德撇嘴说道："可是我们的专业能应聘其他的职位吗？"

贝尔反驳道："怎么不能？我上个月签的合同是销售职位，威尔森也成功应聘上了他梦寐以求的文案工作。"

伊丽莎白建议道："你的口才很不错，至少可以去销售行业的相关职位碰碰运气。"

贝尔却说："你最喜欢玩游戏了，试试游戏方面的一些工作吧？比如游戏体验员什么的？"

"我不行。"霍华德抗拒地说道，"我大学四年一直学习管理专业，对其他职位需要的知识一窍不通，一定不能胜任的，我还是安心找一份管理工作吧。"

"够了，霍华德。"伊丽莎白忍不住站起来驳斥道，"待在井底的青蛙会始终认为世界只有井口那么大。"

"是啊。"柏格丽也站起来说道，"抛开你是否能够胜任其他的工作不说，你首先就不应该否决人生的可能性。你想想，如果一个乞丐每天只关心自己乞讨到多少钱，而不是考虑自己如何通过行动摆脱那种靠乞讨为生的生活的话，他就

永远就只能是一个乞丐。"

"你真让我们失望，霍华德。"威尔森看着霍华德摇了摇头说道，"你怎么心甘情愿被自己的专业限制了所有的发展空间？"

贝尔离开前也颇具深意地说："给自己的人生设限，你将失去很多意想不到的机会。"

毕业聚会最终不欢而散，宿醉的霍华德第二天清醒了过来，他躺在出租屋内狭窄的床上发呆，聚会上众人的话语和神情在自己的脑海中一遍遍浮现。

"给自己的人生设限？"霍华德慢慢咀嚼着这几个字。而后霍华德恍然大悟地从床上爬了起来，他打开求职网站，开始悉心浏览网页上的招聘信息，而不再将自己求职的职位限定为经理。

"拍摄动物写真？这真是一份有趣的工作。"霍华德饶有兴趣地看着招聘要求说道，脑中回想起自己大学时代跟着米歇尔学习摄影的经历。

"游乐园玩偶扮演？还能给可爱的小朋友们发放礼物，这真是太棒了。"霍华德想了想继续说道，"这份工作并不稳定，不过我可以申请周末兼职。"

"上市公司特聘游戏体验员一名……"霍华德仔细研读了这项工作的各条招聘要求后，发现这些要求与自己完全相符，而且招聘启事上明确提到的可免费提供相关岗位培训也使他十分心动。他毫不犹豫地投递了自己的简历。

"能够将兴趣作为职业是一件多么幸运的事情。"霍华德暗暗给自己打气加油道，"我虽然不了解具体的工作内容，可这并不妨碍我的尝试。"

三天后，霍华德终于收到了自己的第一封面试通知邮件。他取出之前为担任经理准备的西装，将自己打扮得精神抖擞，在面试时凭借自身能力受到了领导们的青睐。

"年轻人，请告诉我。"老板问道，"你为什么会面试一份与本专业无关的工作?"

"专业不会限制我对工作职位的选择。"霍华德镇定地回答道,"这是一次机会,是一份我喜欢的工作,而我一定会紧紧抓住它。"

老板莎尔玛冲着霍华德满意地点了点头。

有了这一次成功的尝试后,霍华德意识到只要自己勇敢地打破自我限制,就能够创造人生的无限可能。他开始在工作和生活中不断突破自我,不断朝着自己感兴趣的领域进军,最终他竟然开办了一家自己的游戏研发工作室并完成了游戏模型的实体设计销售。一名采访他的记者听完了他的创业故事后,情不自禁地发出这样的感叹:"霍华德先生,您真是一个不可思议的人。"

在这个故事中,霍华德最初在应聘经理的过程中屡屡碰壁,在大家给他提供建议时依然固守己见,不敢踏出自己给自己划定的专业限制,给身边的人留下了井底之蛙的印象。但当他跳出这一局限时,却成了那个"不可思议的人"。站得越高,看得越远,只有赋予人生大的格局,才能在广阔的世界中寻找无限的可能,发挥自身的潜能,并在这一过程中为他人留下一个朝气蓬勃的好印象,增加自己的人格魅力。

★ 情商拓展训练课

如何突破"限制"

我们也许总是因为目标的实现难度有些大而找各种理由否定自己,给自己的人生设限。其实我们可能根本没有自己限定的那般无能为力,而改变的关键在于突破。那我们要怎么样才能摆脱限制,突破自我呢?

1.放大目标,逐步打破"不可能"的魔咒。我们总是习惯稳妥的行事风格,认为自己只要在规定的范围内便能万无一失,而不愿走出限制,甚至让自己一直停留在原地。其实当我们着眼于大的目标,大胆尝试,会收获到更多。

2.明确方向,学会借力,向着正确的道路完成目标。我们在明确了努力的方向后,总想靠着一个人的力量走到底,但有时,一个人的力量有限,无法完成突破。这时,我们要学会求助,借助周围的力量,这样不但可以让自己完成目标,也能与别人进行良好的沟通合作。

3.适当施压,保持活力,松紧结合发挥最大可能。顺境有时候会让人们逐渐放松自我,习惯安逸的生活不愿作出改变,让人难以突破自我。相反,在充满压力的环境中,你却能看见自己的无限可能。

不认同，但尊重

"我不同意你的说法，但我誓死捍卫你说话的权利！"伏尔泰的这句名言至今都被人们津津乐道。视野的开拓不仅是指拓宽一个人的知识面，还体现在一个人对于自己并不认同的事物的尊重。尊重他人说话的权利，尊重他人的生活方式、生活品位、人生追求，更能体现一个人的成熟与超高情商。

马丁和埃利奥特同是出版社非常受欢迎的漫画家，但众所皆知的是，他们两人也是一对著名的冤家。每次相遇，两人都会爆发激烈的争吵。

"埃利奥特，都已经二十一世纪了，你还没有抛弃你那老旧的画风吗？"马丁恨铁不成钢地说道，"画风保守，情节拖沓，毫无现代社会的张力。"

"你永远也无法欣赏传统格漫独特的美感。"埃利奥特习以为常地反讽道，"瞧你那花里胡哨的画风、不符合现实的剧情设计，大概也只能在初中生里流行一阵了。"

"青春！"马丁生气地说道，"我画的是青春，青春就应该是热烈活泼，充满奇思妙想的，漫画给予人们的应该是内心的无限可能，绝不能被现实世界的观念束缚住。"

"成熟！"埃利奥特也跟着辩驳道，"青春最终都要步入成熟，漫画同样是青少年认识世界的一个窗口，我们作为漫画家，作为少年读物的执笔人，有责任向青少年们传达成熟的价值观，以及实事求是的思想意识，而不是鼓励他们永远沉浸在虚无的幻想中。"

"哼！"两人不约而同地哼出声，继而又愤怒地看了对方一眼，往相反的方向离去，而路过的工作人员早对这种情况见怪不怪。不仅是现实中的争吵，各大评论网站也常常是两人针锋相对的战场，无论谁的作品更新，另一人总会在下方就画风、剧情设置等进行细致的评论。

在出版社举办的新年庆典上，埃利奥特荣升主编。庆典结束时，埃利奥特不出意料又获得了马丁的嘲讽："你还真是老谋深算，画画的同时还不忘发财。"

旁边的人拉拉马丁的衣袖，奉劝他说话稍稍收敛一点，毕竟埃利奥特现在正如日中天，且掌握了连锁书店所有作品上下架的权力。马丁这才后知后觉般住嘴，若有所思地看了看埃利奥特一眼，但他的直脾气让他无法立马低头向埃利奥特讨好，只能气哼哼地扭头离开了庆典大厅。第二天，埃利奥特巡视办公室的时候发现马丁正在收拾东西，办公桌已经清理干净，所有东西装在一个大纸箱里。埃利奥特好奇地问道："马丁，你在干什么呢？"

"您的头脑已经跟理解力一起罢工了吗？"马丁没好气地说道，"看不见吗？我正在收拾东西，给更合您心意的人让座位啊。"

"让座位？"没理会那些气死人的语句，埃利奥特疑惑地问道，"我们招新人了吗？"

"这就要问问您了。"马丁恶狠狠地瞪了埃利奥特一眼。

没期望能得到埃利奥特的回答,马丁说完这句话便抱起已经收拾好的纸箱,不舍地望了望陪伴自己多年的办公桌,随即往外走去。

"唉!先别急着走,我们把话说清楚。"埃利奥特急忙拦住已经走到办公室门外的马丁,头疼地说道,"我从没想过要找人替代你的位置。"

马丁淡定地看着埃利奥特,让埃利奥特更加恼火。慢慢地,这里又聚集了许多路过的工作人员,等着欣赏两人的最后一次争锋。

埃利奥特平缓了呼吸,才注视着马丁慢慢地说道:"虽然你我二人在创作方面存在许多的分歧点,正如你不喜欢我的画风,我也很难欣赏你的剧情设计。"

"但是,不得不说,你我的每一次争论都能带给我全新视角,让我重新打量我自己的作品。"埃利奥特认真地说,"虽然我不认同你的观点,但我尊重你说话的权利,尊重你与我的差异,更不会利用职务之便解雇你。"

"真的?"马丁下意识地又反驳了埃利奥特,但随即笑着说道,"我相信你,古板的埃利奥特。"

"再强调一次,我这是成熟,却绝不古板。"埃利奥特恼怒地说道。

马丁却肆无忌惮地嘲讽道:"承认吧,你需要我用青春的气息感染你。"

两人一边吵着一边走回办公室,而埃利奥特刚刚说的那句话却久久留在周围工作人员的心里。"我尊重你说话的权利。"一个人说,"这句话说得真好,我有点喜欢这位新领导了。"

"我也是。"还有许多人在心里默默作着相同的回应。

视野狭隘的人很难领略不同思想的美,也很难得到他人的真心承认。尊重他人说话的权利,方能体现个人广博的视野及在人际交往中的独特魅力。

尊重他人话语权

每个人都有表达自己的权力,我们可以不认同他们的言论,但一定要给予必要的尊重。

1. 主动沟通,征求他人意见。在与他人进行合作前,不妨先征求他人的意见,不要一味依据自身喜好来行事。主动进行沟通,不仅尊重了他人,能获得他人的好感,也从另一方面体现自身的高情商。

2. 放宽心态看待不同言论。在行事交谈中,当合作伙伴提出与自己不一样的想法时,不要急着否定他人的言论。尊重他人的话语权才能汇集多种思想,从中得出更好的结论。

3. 凡事学会协商。有时在人际交往中我们容易因为言论不同而发生摩擦,我们应该学会去与他人协商,双方各自退让一步,在尊重彼此的基础上,进行友好交谈,从而增进彼此感情。

培养意志力

埃及有一句谚语："只有两种动物能到达金字塔的顶端，一种是雄鹰，另一种就是蜗牛。"虽然蜗牛不像雄鹰可以展翅翱翔，身上还背着重壳，但它凭借自己那软软的身躯，也能一步一步地爬到塔顶，如同雄鹰一般俯瞰山川大地。在我们奔向自己人生顶点的路上，总会有挫折和外界压力阻碍我们前进。在困难与痛苦面前，如果没有强大的意志力，我们的内心就会动摇，我们会开始怀疑自己的能力，最终甚至可能放弃。强大的意志力，不仅可以增强自己的信心，还可以激发出自身的潜能，让我们在前进道路上披荆斩棘，无往不利。

在很久以前，有一位暴君，对他的臣民实行着黑暗统治，不仅横征暴敛，更是纵容手下杀人放火。许多人都不满于国君的暴政，但是无奈国君手下的军队过于强大，他们根本不敢反抗，只能祈祷会有一位英雄站出来拯救他们脱离苦难。

后来，这个国家来了一位智者，他告诉人们说，在这个国家的某一处地方，

藏着一块上古时期遗留在人间的宝石，这块宝石能让拥有它的人获得无穷的力量，甚至强大到能够统治任何一个国家！但是，这块宝石并不能轻易找到，需要穿越世上最黑暗的森林，跋涉过世上最长的河流，攀上世上最险峻的山峰，它藏在山巅之处一棵古树的树洞中，并且寻找它的路上尽是崎岖与危险，只有最强大的人才能找到它。

人们听闻这件事情都兴奋极了，感觉看到了希望。很快便有一大批勇士踏上了寻宝的路程。但是寻宝的过程远比智者说的要艰难得多，不仅有着恶劣的天气，还尽是崎岖的道路，更有凶猛的野兽伺机而动，稍不注意就有可能丧命。这些困难让当初那些前去寻宝的勇士渐渐产生了放弃的念头，越来越多的勇士选择退出这场轰轰烈烈的寻宝之旅。

一年、两年……五年过去了，当年寻宝的人，已经寥寥无几，仅剩的几人咬牙坚持着。他们也不知道这块宝石是否真的存在，内心也会质疑当年智者说的话的真实性，但为了能推翻暴君，他们仍旧没有放弃，在寻宝的路上继续前进着。

又过了几年，最后只剩下一个寻宝勇士。虽然条件艰苦，曾经一起的伙伴们全都放弃了，但他却从没有动摇过自己的意志，一边前进一边暗示着自己，一定可以找到那块宝石。

终于有一天，他爬上了顶峰，在古树的树洞中寻找到了一块宝石，宝石的样子与智者描述的相差无几，晶莹剔透，放到太阳下还会闪闪发光。这个勇士激动极了，自己多年的努力总算没有白费！他将宝石挂在胸口，准备返回家乡。但奇怪的是，他并没有感觉自己获得了什么神奇的力量，只觉得身上多了一块沉甸甸的石头。

在他返回家乡的路途中，每到一个地方，总会有人对他说："你是找到宝石的勇士，让我成为你的手下吧，我愿和你一起去战斗！"每次他都微笑着点点头，表示同意。

于是，只要有人看到他胸前的宝石，就会认为他获得了神力，要求跟随他，时间长了，队伍的人数越来越多，他便拥有了一支强大的随行队伍，自然有了带领众人反抗的力量。就这样，这个人带领着这支队伍开始对抗暴君的军队。虽然一开始他们并不能抵抗军队的力量，但这点困难根本比不过他寻宝之路上所遇困难的千分之一，他的顽强意志感染了手下的每一个人，能力也开始越来越强，最终推翻了暴君的统治，他也理所当然地被人们举荐成了新的国王。

后来人们才知道，那块宝石不过只是一块普通的水晶石，根本没有传说中的神力。

原来，当年智者看人民处于水深火热之中，于心不忍，便想着寻找一个人带领大家推翻暴君的统治。但这是极其困难的，这个人不仅要具备勇敢和智慧，更要有顽强的意志力来抵御重重困难。因此，他才讲了这样一个关于宝石的传说。这一个勇士找到了宝石，带领大家推翻了暴君的统治，不是因为宝石有什么特殊的力量，而是因为他的意志力给了他无穷的力量，也感染了他周围的人。

世间本就没有什么所谓的神力，而强大的意志力，却是一种神奇的力量，总是能创造出奇迹。一个具有顽强意志力的人，总能够创造奇迹，这种人是值得被信赖的。

生活中培养意志力的方法

一个意志力薄弱的人,只要稍微遇到一点困难或麻烦,就会想退缩或者放弃,很难成功。意志力并非与生俱来,可以通过后期的培养加强,那么我们在日常生活中如何培养自身的意志力呢?

1.培养一个简单的好习惯。可以是坚持每天自己叠被子或者少吃一包零食,虽然看起来是很小的一件事,但其实坚持做到并不容易。因此,希望大家确立了习惯之后,每天能坚持下去,为自己培养意志力带来一个好的开端。

2.然后你就可以开始尝试做一些相对困难的事。可以进行长跑或者坚持一项体育运动,也可以学习自己不喜欢的学科。这是一个循序渐进的过程,可以按一周或者一个月的周期向上加量,每一次的加量都是一次磨砺,尤其要放弃的时候,才是需要意志力的最佳时机。

3.如果你感觉自己的意志力太过薄弱,很难坚持下来,那你可以做一次公开承诺,写一份承诺书公示给大家。表示自己要在多长时间内完成某一目标,若完不成就要付出一定代价,多人的监督,可以极大地抑制你想放弃的心态。

培养意志力,最重要的就是坚持,只要遵从循序渐进,坚持到底的原则,自然就会获得强大的意志力。

★ **第三模块**

乐观向上，积极主动

永远不要害怕被嘲笑

害怕被他人嘲笑,为人处世就会变得更加拘谨,时间一长,自身创造性、主动性就会被大大限制。青少年应该要明白,别人的嘲笑并不可怕,可怕的是你自己不敢面对,当你正视自己的内心,勇敢地去追逐自己的梦想,美好的未来就会一点一点在你面前展开!

丘吉尔的一生充满着传奇色彩,谁也想象不到一个小个子竟然能够蕴藏如此巨大的能量。不过比起丘吉尔那令人敬畏的英国首相的身份,他的演说家这一身份似乎更令人佩服。丘吉尔的能言善辩举世闻名,但是谁又能相信这样一位举世闻名的演说家小时候竟然是个结巴呢?

1874年11月30日,丘吉尔出生于英国牛津的一个贵族家庭。但十分可惜,丘吉尔并没有继承家族优良的基因,他不仅没有成为家族的骄傲,反倒常常成为他人的笑柄。

他上课的时候总是想东西想得出神，老师叫他几次他都没有反应。这可把老师气坏了，问他到底在想什么，但他自己也说不清楚。在班上，他时常考倒数第一或第二。家中长辈们为这些事头疼不已，可他却丝毫不在乎。

迫于丘吉尔家族的势力，老师对丘吉尔又怕又恨，觉得丘吉尔所做的这一切都是故意在和自己作对。

有一天，老师发现在教室角落里的丘吉尔又是那副眼神呆滞、魂游天外的模样，便走过去问他："丘吉尔，你在这里做什么？"

丘吉尔完全沉浸在自己的世界里，丝毫没有察觉到老师的存在。老师见他又不理会自己，便生气地走近丘吉尔，使劲地拍着桌子大声喊道："丘吉尔，如果你再不回答我，你就给我出去！"丘吉尔这会儿才回过神来，懵懂地看着老师，惊慌起来。他张了张口，最终还是什么都没说出来。

老师彻底愤怒了，大声叫嚷着："丘吉尔，你把你们家的脸都丢光了！以后，你只会是一只依附着家族混吃等死的可怜虫！"

丘吉尔顿时涨红了脸，慌忙挥舞着双手说道："不……我……我……我要做……做个演说……说家。"话还没说完，同学们就不留情面地大声笑了起来。

丘吉尔沮丧极了，回家的路上他低垂着头，耷拉着肩膀。这时他的同学们围上来，学着他说话的样子说道："丘吉尔，你……你连话……话都说……说不清楚，还……还想当演说……说家……你做白日梦吧！"说完他们哈哈大笑着跑开了，留下丘吉尔两眼含满泪水。

丘吉尔想，说话结巴就不能梦想成为演说家了吗？为什么大家都要笑话他呢？结巴的毛病是不能改变的吗？

回到家后的丘吉尔一声不吭，父亲觉察到他的变化，追问他原因。丘吉尔看了眼父亲，无奈地说道："我……我想要当……当演说家。"

★给青少年的51堂情商课★

父亲惊讶地瞪大了双眼,不敢相信地看着他。这个眼神在丘吉尔看来,和同伴们的不信任一样,令他感到愤怒和悲伤。丘吉尔立马跑进自己的房间里,重重地把门给关上,无论谁敲也不开门。

在房间里,看着那面大镜子中矮小的自己,问道:"丘吉尔,你还想要当演说家吗?"回答是肯定的。于是丘吉尔慢慢放下了愤怒和急躁,对着镜子开始一个音节一个音节地练习:"我——想——要——当——演——说——家。"很好,这次没有紧张到结巴,再来一次,这次要比上一次快、连贯。"我想要——当——演说家。"太棒了!再来!"我想要当——演说家!"

"我想要当演说家!"当丘吉尔终于可以完整、连贯地说出这句话的时候,他打开了房间的门,重复这句话给门外一直担心自己的父亲听。

从那以后,丘吉尔不再害怕同学们的讥笑。虽然他还是会有紧张到结巴的时候,但是他都会努力地改正。他回家后会不停地对着镜子练习,还会背诵大量著名演讲词。最终,通过自己的努力,他成了真正的演说家。

文中的丘吉尔因为说话结巴却梦想着成为一名演说家被同学们嘲笑,甚至连亲生父亲也不相信他能完成自己的梦想。丘吉尔在种种压力下没有选择逃避或者放弃自己的梦想,他只是在背后默默地练习,背诵演讲词,脚踏实地地努力着。渐渐地,他从一个连讲话都结巴的人到吐字清晰、思维流畅的真正的演说家。现实生活中,我们难免遇到和丘吉尔一样的状况,但是我们很少有人能做到像他一样,面对嘲笑首先的反应不是自卑,而是放手让自己变得更强,只有我们本身变得更好,才能淡然从容地面对别人的嘲笑中伤。

★ 情商拓展训练课

如何面对别人的嘲笑

日常生活中我们可能或多或少会遇到他人的嘲笑，当这样的情况发生时，我们无法管住别人说什么，但是我们可以调整自我去面对别人的嘲笑。

1.直面嘲笑，洒脱应对。当我们被他人嘲笑时，与其花时间去难过还不如坦然面对，学会自我调解，利用这些时间做点自己想做的事情，顺利渡过难关。

2.立足现实，维护自我。我们应该立足现实，弄清楚是否因为自身的过错导致他人的嘲笑，假如并非我们的过错，那么我们没有必要为这样的行为买单，而是应该勇敢地站出来维护自己的尊严。

3.反思错误，努力改正。如果嘲笑并非空穴来风，我们不妨看看自身是否如别人说的，存在一定的缺点或者我们有做得不妥的地方，直面自己的不足，然后改正，努力成为更优秀的人，让嘲笑我们的人无话可说。

心态决定未来

正所谓"心态决定未来",对待事情有良好的心态,可以将事情的阻力化作前进的动力,反之,无论多小的困难都会变成阻拦你前进的巨石。无论是人际交往方面,还是个人的发展方面,青少年都应该明白:想要做一个成功的人,我们要先让自己具备一个良好的心态。

曾经有这样一个故事——有一位父亲,他有一对双胞胎儿子,但是他们两兄弟的个性迥然不同,一个过分乐观,一个相当悲观。有一天,父母带这两个孩子去看心理医生,希望能够让过分乐观的孩子看到生活的残酷,让太过悲观的孩子看到生活的美好。

心理医生将两个小孩分别带进不同的房间。过分悲观的小孩被带到一个装满了各种各样玩具的房间里,他可以尽情玩耍,享受快乐的时光。过分乐观的小孩被送进一个堆有马粪的房间,医生希望能帮他调整过分乐观的个性。

父母也想看看两个小孩的反应。过了一段时间之后，父母亲和心理医生打开了房间的门。他们看到悲观的小孩虽然手上拿着玩具，却仍然哭红了眼睛。于是，他的父母就问他为什么这么难过？

小男孩回答说："玩具这么多，我怕有人偷走它们。"

父母很好奇另一个乐观的孩子在房间内的反应，于是就到房间里去看他。没有想到的是，这个小男孩不仅没有大声哭闹，还在兴致勃勃地清理着那些马粪。父母很惊讶，问小男孩为什么要清理这些马粪。

小男孩对着惊讶的父母高兴地说道："这里有这么多马粪，我想在这附近会有小马驹。对！这里一定有一匹小马驹。"

"这里一定有一匹小马驹。"这句话经常被人们用来勉励自己和他人，即使人生有时会出现粪土，也不要失去面对生活的信心和乐观的个性。

故事中那名寻找小马驹的男孩，在乐观的心态中一天天长大。尽管他的家庭并不十分富裕，他在成年之后有一次甚至接近破产，但是他感觉人生依然是充满惊喜。也正因为他这种积极的心态，他每次都能从困境中找出希望，最终成就了自己的事业，成了当地有名的商人，受人敬仰。

试想一下，如果这个男孩在面对困难时也像他那个拿着玩具仍苦恼不止的兄弟一样，他还会取得后来的成就吗？所以，无论在生活里遇到什么不好的情况，青少年都要学会摆正自己的心态。如果在一个好的环境中，要学会珍惜，并且为之努力，使其更好。如果你身处在不那么好的环境，也不应随波逐流，要学会摆正自己的心态，找到前进的方向，去寻找你梦想的"小马驹"。

★ 情商拓展训练课

学会保持良好的心态

在当今社会，学校的学生们面对的竞争越来越多，压力也越来越大。面对压力，如果大家不能及时调整心态积极面对，有时甚至会影响到自己的生活。那么怎样才能保持正确积极乐观的心态面对学习生活中的压力呢？

1.参加各项体育运动。心情不好的时候，做做运动，让自己的身体、精神得到双重的放松，这种方法也是最适合青少年的，既能调整心态，又能增强体魄。

2.培养自己的阅读兴趣。静下心来，让自己从书本中汲取正面积极的能量，以此调整自己的心态。

3.偶尔给自己放个假，学会取悦自己。谁都有心情不好的时候，这时候就给自己放个假，做自己想做的事情，等调整好心情之后，再重新出发。

4.多结交一些乐观积极的朋友。当自己情绪不佳，心态消极时，有一群乐观向上的朋友在身边，陪伴你开导你，你也能受到感染，将自己的心态转化过来。

自信成就人生之美

　　苏联著名作家高尔基说过："只有满怀自信的人，才能在任何地方都怀有自信，沉浸在生活中，并实现自己的意志。"人生之路并不总是一帆风顺，遇到困难时，灰心丧气听之任之只会将我们拉入更深的泥淖。在人际交往中，自信的人也总是更能收获他人的好感，营造稳定和谐的交际圈。

　　从前在美国有一位热爱画画的年轻人，他的家庭十分贫困，无法为他成为画家的梦想提供支持。他没有稳定的工作，整天靠四处打零工为生，也没有钱租房子，只好借用了好心人给的一个废旧车库作为居住和画画的地方，这个车库里还经常有老鼠四处乱窜。

　　年轻人被残酷的生活压得几乎喘不过气来，但他并不灰心沮丧，因为他始终怀揣着成为画家的梦想。他相信只要自己坚持不懈，以自己的能力，总有一天能成功创造出完美的作品获得社会的认可，功成名就。所以，哪怕沦落到住废旧车

库的境地,他也从不放弃练习画画。他画路边的狗、画巷子里的猫,甚至以同住的老鼠为对象,画了许许多多惟妙惟肖的老鼠。

终于有一天,有人欣赏他对于画画的热忱而给他介绍了一份工作,让他去参与一部好莱坞动画片的制作。他把自己在废旧车库里得来的灵感运用上了,于是,风靡全世界的经典卡通形象——米老鼠诞生了。这位从不对自己失去信心的年轻画家,就是迪士尼的创始人——沃尔特·迪士尼。因为可爱的米老鼠,他已经红遍全世界。

还有一个居住在纽约贫民窟的年轻人,从小家里就十分贫穷,父亲是分拣邮件的,妈妈是一个小公司的接待员,全家的日子过得紧巴巴的,甚至连温饱都难以为继。年轻人从七岁起就要帮忙分担家务,照顾弟弟妹妹,十三岁的时候,就开始自己做小生意赚钱。他想着等自己存够学费,考上好大学,就一定能够走出贫民窟,于是他更加卖力地工作和学习,他始终相信自己有这个能力和才华实现自己的梦想,获得自己想要的生活。

通过自己的努力,他真的考上了著名的哈佛大学,还申请到了奖学金,并且取得了博士学位。从哈佛法学院毕业的他,做了纽约一家律师事务所的律师,一度过上了富足优渥的生活。但好景不长,他染上了赌博的恶习,并且沉迷其中,事务所也以此为由解雇了他。

年轻人从底层好不容易爬上去,找到了好的职位,但一朝又被打落,跌入泥地里。周围的人都开始纷纷疏远他,看不起他,甚至昔日的同僚还冷眼嘲笑他。年轻的律师也因此觉得自己的一辈子就这样完了,他不再相信自己拥有重新站起来的能力,而是整天龟缩在贫民窟的旧房子里,连门都不愿意出了。

直到有一天,年轻人的父亲拿了一本书给他:"孩子,我知道你现在的状况很糟糕,但是你看看这本名人传记的前五十页吧。"

年轻人很快就读完了那本书的前五十页。父亲又让他继续读。

等到年轻人花了大半天时间看完，父亲语重心长地对他说："你发现这本书前五十页和三百页之后的差别了吗？写这本书的名人，在前五十页描述的内容里，比你现在的状况还糟糕，但是书中三百页之后，你也看到了他取得的成就有多大。书中的名人，在遭遇困难时会想到以后自己能成功吗？谁都无法预测自己的一生，每个人都有遇到苦难的时候，但只要你不失去信心，你完全可以再爬起来，奋斗出一番事业。"

父亲的话让年轻的律师幡然醒悟。他还年轻，不能对自己以后漫长的人生失去信心。过去的失败正好给了他经验和教训。年轻人重新振作起来，他后来进入了一家商品交易公司做销售员，因为他的努力和认真，很快升为了金牌销售员。后来，他所在的企业被名企高盛集团并购，年轻人在并购后的业务调整中表现出色，带领一个部门创造了高达一千二百万美元的收益。凭借着这样出色的能力和业绩，他很快受到重用，并且一步步升职，最后成为高盛集团的首席执行官。这个年轻人就是被称为华尔街最聪明的执行官的劳尔德·贝兰克梵。

故事中无论是没有工作，也没有钱租房子的沃尔特·迪士尼，还是拥有过律师辉煌成就而后因为赌博又龟缩在贫民窟的旧房子里的劳尔德·贝兰克梵，都曾身处人生事业的最低谷。但沃尔特·迪士尼相信自己的能力，默默坚守着自己的梦想，劳尔德·贝兰克梵听了父亲的教诲后重拾信心，以经验教训鞭策自我。最终沃尔特·迪士尼以笔下的米老鼠形象闻名世界，劳尔德·贝兰克梵成为首席执行官名震华尔街。遇到逆境，不要害怕，保持自信，迎难而上，内心的自信可以给予我们向困难挥刀、向成功招手的勇气。

★ 情商拓展训练课

增强自信的三个小方法

1.关注自己的优点，积极看待问题。 凡事无绝对，当我们面对困难时，我们既要端正态度认识到问题的严重性，也要看到事情积极的一面，学会乐观地看待问题。

2.积极的自我暗示。 当我们感觉到自己面临挑战或身处逆境时，要学会给予自己积极的心理暗示，可尝试通过"我能行""我可以"等话为自己打气加油，增强自信心。

3.学会拆分目标。 将一个难以实现的大目标拆分成若干个相对容易实现的小目标，再通过对小目标的攻克来增加自我成就感，获取解决大目标的自信。化整为零的行事方法往往能够有效地促进问题的解决。

拥有不怕被拒绝的勇气

爱国将领吉鸿昌说过:"路是脚踏出来的,历史是人写出来的。人的每一步行动都在书写自己的历史。"人生之路崎岖不平,历史发展百转千回,脚能踏出路,需得你主动抬起脚;人能书写历史,需得你积极为人。

如果你被人拒绝一千次,你还会有坚持下去的勇气吗?

出生在美国印第安纳州的男孩桑德斯,童年过得十分艰辛,父亲在他六岁那年去世,母亲白天在食品厂打工,晚上替人缝补衣服赚钱,桑德斯身为长子,承担起了照顾弟弟妹妹的责任。桑德斯负责所有的家务活儿,因此他练出了一手不错的烹饪技术。

长大后,桑德斯做过很多工作,如油漆工、消防员、保险推销员等,工作十分勤奋,他也因此攒下了一笔积蓄。于是,他在高速公路旁的加油站开了一家小饭店。饭店的招牌美食就是桑德斯发明的一种外酥里嫩的炸鸡,很多顾客慕名而来，小饭店的生意十分红火。

可好景不长，因为二战的爆发，石油作为重要物资被实行政府配给，加油站被迫关门，并且高速路改道，客源减少，桑德斯的小饭店也被迫关门。这个时候，桑德斯已经五十多岁了。虽然政府提供给他每月一百多美元的救济金，但是桑德斯不想靠着救济金生活。他不想浪费自己的炸鸡手艺，想到可以通过向其他饭店出售他做炸鸡的配方，去赚一些生活费。

于是，桑德斯决定开始他的第二次创业。他带着一个装满制作炸鸡材料的桶，一个制作炸鸡用的压力锅，开着车上路了。

桑德斯决定向自己在路途中遇到的每一家饭店推销自己的炸鸡配方，从一个州到另一个州，不辞劳苦。得到饭店老板的许可，他便会亲自做炸鸡给饭店老板品尝，如果对方感兴趣，他便会提供炸鸡的作料，并且教给他们烹饪方法。可是，他的推销并不成功。没有几个饭店老板有耐心听一个潦倒的老头儿说话，连品尝他的炸鸡都不愿意。还有一些人嘲笑他，觉得他想靠卖炸鸡配方赚钱，简直是天方夜谭。

桑德斯推销炸鸡配方进行得十分艰难，他开着车跑遍全国，做了整整两年，被人拒绝了一千次，身边的人甚至都认为他是一个固执的老疯子而疏远他。

如果是平常人，可能被拒绝十次就放弃了，但桑德斯被拒绝了一千次，还是有勇气去坚持他的梦想。终于，在第一千零一次，有一个人被桑德斯的推销经历所打动，对桑德斯说"可以试试"。桑德斯欣喜若狂，他觉得自己的坚持终于见到了曙光。有了第一个尝试的人，很快，第二个、第三个愿意给桑德斯机会品尝他的炸鸡的人出现了。桑德斯的炸鸡配方也受到了更多人的认可和支持。

1952年，第一家被桑德斯授权经营、售卖炸鸡的肯德基餐厅成立了。桑德斯的传奇也因此开始。从第一家特许经营的肯德基餐厅成立之后，不到五年的时间，就有四百家炸鸡连锁店成立，并且不止在美国境内，就连加拿大也有了多家连锁店。

肯德基餐厅迅速走红，越来越多人想要获得桑德斯的特许授权，因为这个，桑德斯还专门建立了一所学校，教授那些要加盟连锁餐厅的人如何经营餐厅。

十多年后，肯德基餐厅的授权经过多次售卖转让，变成了全球第一的炸鸡连锁品牌，年销售额达数十亿美元。

为了纪念桑德斯对肯德基品牌作出的贡献，人们用桑德斯的形象制作了肯德基的标志：一个白头发，穿着西装，戴着眼镜，保持着微笑表情的桑德斯。昔年这张被认为是疯子的脸如今已经成了许许多多人心中成功的标志。

故事中的桑德斯年过半百，他没有强大的商业背景，没有高超的营销手段，成功推销自己配方的方法不过是屡战屡败后的屡败屡战。

桑德斯的高情商体现在他始终对生活、工作有热情和激情，不因外界的压力而退却。不怕被拒绝、始终积极主动的勇气使得桑德斯从他人眼中的老疯子转变为了成功的标志性人物，在获得个人事业成功的同时赢得了他人的尊重，无论是物质层面还是精神层面都获得了大丰收。

★ 情商拓展训练课

勇敢面对人生困境

有困难并不可怕，可怕的是我们没有直面困难的勇气。

1.勇敢地面对人生的困境，首先要让自己学会接受不完美。 青少年正处于成长阶段，善于幻想，总是会对这个世界怀着许多美好的愿望。有时，生活的挫折会给予青少年一些打击，遇到这样的情况，青少年要学会用更理智的目光看待世界、看待人生、看待自己，了解并清楚地知道，没有任何事情是十全十美的，人生也不是一帆风顺的。

2.勇敢地面对人生的困境，其次要让自己学会龙虾的精神。 在龙虾的成长过程中，为了长大，它会不停地脱去身上坚硬的外壳，让自己脆弱的身体暴露在危险之中，直至长出新的外壳，人的成长同样需要如此。因此，青少年可以将那些暂时的困境和挫折当成人生的考验，不要害怕，也不要躲避，迎难而上，用信心为自己寻找获胜的机会。

3.勇敢地面对人生的困境，还要多和积极乐观的人相处。 乐观的精神和勇敢对抗困境的勇气是可以传递的，平时多和豁达的人交流，多看积极正面的新闻，多听一些轻快的音乐，让自己的心灵经常接触正面的引导，这样你能以更积极的心态面对人生的挑战。

找准自我定位

人只有想清楚了"我是谁，我要做什么"的问题才能够解决"我要成为谁，我要怎么做"的问题。自我定位作为自我认识的一个重要方面，对于一个人的人生规划十分重要。准确的自我定位能够使人快速认清自我以及实际处境，从而为下一步的行动提供依据；而错误的自我定位，如盲目夸大或是贬低自我都会使得我们在行为处事上脱离实际而产生严重偏差，最终导致失败。学会找准自我定位，往往是我们迈向成功的第一步。

一个寒冷的冬天，一个事业非常成功的商人急匆匆地走在大街上，他要去参加一场非常重要的谈判，他快要迟到了。但是，在经过一个拐角的时候，他被一个年轻人拦住了。年轻人对他说："先生，您好！您能给我一分钟的时间，让我介绍一下我卖的尺子吗？"

商人很着急，他根本没有时间去听什么推销，所以很不耐烦地摆摆手："我

不需要!"

"先生……"那个年轻人还想继续努力,不过商人已经完全失去了耐心,他绕过年轻人正要继续向前走,却突然注意到年轻人身上的衣服。天气已经很冷了,但是面前的年轻人还穿着非常单薄的衣服,他在寒风中冻得瑟瑟发抖,脸上却依然挂着讨好的笑容。商人心软了,他从口袋里掏出一美元塞到年轻人手里,什么都没说直接离开了。

可是,走了几步之后,他又停下了脚步,认真地站在原地想了想,然后折返了回去。那个年轻人依然站在原地,手里握着他塞过去的一美元,年轻的面容上写满了悲伤。

"对不起!"商人走过去,从年轻人另一只手里接过一把尺子,"我刚才忘记拿自己买到的商品了。"

"商品?"年轻人愣愣地看着那把其实一点也不特别的尺子,喃喃地说。

"是的,商品。"商人拍拍他瘦弱的肩膀,"我和你一样,都是商人,只不过我们经营的商品不同,你要永远记得,你不是在乞讨,而是在卖尺子。"说完,商人拿着那把他并不需要的尺子离开了。一年后,他已经忘记了这个小小的插曲,但是在一次城市名流参加的晚宴上,一个西装革履、神采飞扬的年轻人走到他面前,深深地向他鞠了一躬:"先生,谢谢您!也许您已经不记得我了,但是我永不能忘记,在上一个寒冷的冬天,是您给了我自尊和自信。在那之前,我一直觉得自己和乞丐没什么两样,直到那天您买了我的尺子,并告诉我我是一个商人。现在,我已经拥有了一份非常体面的工作,而这一切都是您带来的。"

"不!"商人笑了,"是你自己改变了自己。"

这个年轻人因为商人的一句话而找回了自信,最后改变了自己窘迫的现状,而下面这个故事,则是一个意志消沉的经理找回自信,决心再次奋斗的故事。

一位经理的事业破产了，身边所有的人都离他而去，他觉得自己的人生已经毫无希望，于是找到了美国非常著名的成功学家拿破仑·希尔，请求他能给自己提供帮助。

"没问题！"拿破仑·希尔毫不犹豫地答应了，他对这个经理说，"我将带你认识一位这个世界上唯一能使你重获信心并且克服困境的人，只要你相信他，就一定能渡过难关。"

"真的吗？"经理满怀希望地跟在拿破仑·希尔的身后，他们来到了一面厚厚的窗帘前。

"你准备好了吗？窗帘后面就是我要介绍给你的人。"拿破仑·希尔说道。

"是的，我准备好了！"经理挺起了胸膛。窗帘被徐徐地拉开，出现在这位经理面前的不是别人，正是他自己。

原来，窗帘后面并没有什么秘密，而是藏着一面大镜子。镜子里，经理看到了满脸胡楂、因失败而双眼无神的自己。他站在那里看了很久，转身向拿破仑·希尔致谢后，便一言不发地离开了。几个月后，当这个经理再次出现在拿破仑·希尔面前时，他已经东山再起，精神焕发，完全看不出当初潦倒落魄的样子，他对拿破仑·希尔说："那一天我走进你的办公室时还是个可怜的失意者，但是在镜子里，我看到了被一时失败影响的自己，并重拾了振作的勇气。现在我找到了一份不错的工作，我相信从前的成功一定还会降临。"

在第一个故事中给予年轻人一美元的成功者，通过帮助年轻人认清其是商人而非乞丐使得年轻人找准了自己的定位。正是因为他对自己的定位是"我是一个商人"，才从中找到自信，获得拼搏向上的动力。而第二个故事中的经理，只是一时被失败的情绪所影响，然后重新定位自我，找到重新开始的勇气。

★ 情商拓展训练课

学会自我归纳

活动工具：卡纸、笔。

活动步骤：

第一步：找出两张颜色不同的长条卡纸，在一张上罗列自己的优点，如我能自己洗衣做饭，我从不说谎，我能够在合理的范围内原谅他人……在另一张卡纸上罗列自己的缺点，如我随手丢垃圾，我在工作学习中喜欢投机取巧……

第二步：以"我是一个XX的人"为主题，添加十个以内的形容词，形容词情感态度不限，可以是正面的也可是负面的，如乐于助人的、性格暴躁的……

罗列好后将两张卡纸同时交给自己的家人或者亲近的朋友，让他们根据与你交往的实际感受对你罗列的优缺点进行一次筛选。

第三步：你将筛选结果整理好，并用新的卡纸誊写好放在明显位置，根据日后对缺点的改进与优点的形成进行增删。

活动意义：这个活动的目的是帮助大家实现有效的自我归纳，让我们更加正确地认识自我，找准自己的定位，以便对自己的人生进行更精确的自我规划，离成功更近一步。

永不退缩的彪悍人生

"如果我当初怎样就好了""如果我现在能怎样就好了",生活中我们总会听到或发出这样的感慨,而"如果"始终是"如果"。一味地将获取成功的愿望寄托在假设上,无异于一开始就把自己放在了人生的被动地位。相反,当我们遭遇生活种种不如意时以理智、主动的姿态去应对,积极发挥主观能动性,成功的概率便会大大增加。斯大林说过:"生长的东西也不是轻易地生长起来的,他们叫着,喊着,坚持自己生存的权利。"古往今来,成功的基本法则之一就是主动出击,永不退缩。

杰克在美国的互联网领域很有名气,甚至拥有自己的公司,但是没有人能想到,他在创造自己的公司之前经历过多少艰难困苦。

杰克没有考上心仪的学校,后来参加大学入学考试也没有成功。这时一同落败于大学入学考试的朋友已经开始采取其他方式谋划生计了,而不服输的杰克毅然决然地选择了继续参加考试。可惜的是在第二次考试中杰克的成绩虽然有了一定进步,但是离大学录取的门槛还很远。此时就连他的父母都劝他死了这条心。父亲甚至已经给他找好了去鞋厂做修鞋学徒的工作,母亲也极力劝说杰克放弃不可能考上的大学,安安心心学习修鞋技术过日子。

面对身旁朋友的质疑与家人的极力反对,不服输的杰克还是通过自己的努力攒钱参加了第三次考试,这一次杰克终于勉强上了社区学校。

从社区学校毕业后,杰克回到家乡当了一名普通的小学老师,家人对于杰克的工作十分满意,因为在当地,一个小学老师的收入已经能够支撑一个小家庭过上相当不错的生活了。但是杰克并不满足于现状,并非出于对金钱的渴望,而是杰克认为自己能够取得更大的成就。杰克白天正常上班,晚上开始兼职教外国人英语。利用这个机会,杰克结识了一批有英语需求的客户。随着客户人数的不断增加,杰克和朋友一起成立起了一个小公司来维系这些客户。当时杰克和朋友都没有过多的资金来投资这个公司,因此最初一段时间公司经营得非常艰难。但杰克不肯服输,他开始充分利用自己的空闲时间来做一些兼职,用这些辛苦钱投资自己的公司。因为杰克身上体现出的迎难而上的精神,公司渐渐获得了更多人的信任,他们也加入其中,因此公司的运营状况也开始好转起来。

虽然这次创业对于杰克来说,并没有获得多少财富,但是却获得了不小的名气。一家实力强劲的项目公司聘请杰克去西雅图工作,杰克在西雅图的朋友家中第一次接触到了互联网。

敏感的杰克意识到,互联网将成为时代发展的潮流,其中蕴含了巨大的商机,而自己正好能够凭借其中的商机将自己的人生价值最大化。怀揣着自己的梦想,杰克回家后立马召集人马开办了自己的网络公司,曾经跟杰克有过合作的人大多因杰克的人格魅力加入其中。

虽然得到了朋友们的帮助，但互联网这条路并不好走。杰克艰难地推广着自己的产品，一开始杰克只是遭遇了人们的冷遇，而后人们甚至因为厌烦杰克的推广而称呼杰克为"骗子"。身边的朋友也开始逐渐打起了退堂鼓，而杰克却不屈不挠，每天不断给自己打气。在经历了一段相当漫长的困难岁月后，杰克凭借他不畏挫折主动出击的精神终于成功迈出了第一步，当年杰克所创办的网络公司营业额居然达到了七百万美元。这一年，互联网的优势开始爆发。

杰克的公司蒸蒸日上，不久，便得到了媒体和投资者的关注，甚至获得了大额的投资，杰克终于扬眉吐气。他的公司也慢慢被人认可，逐渐成为美国有名的网络公司。随着杰克公司的逐渐壮大，杰克的名字被越来越多的人知道，他也成了美国互联网领域的代表之一。

故事中的杰克在取得成功之前也不断地经历失败，但无论是考试、教授英语的小公司还是后期的网络公司，杰克始终选择直面困难并在这些失败中不断获取成功的经验和战胜困难的勇气，最终成了美国互联网领域的代表之一，实现了自己的人生价值。其实每个人的人生都像是一座高峰，只要我们有勇于挑战的精神，迎难而上的勇气，坚持不懈的品质，我们一定能攀越高峰，成就自己的彪悍人生。

★ 情商拓展训练课

培养主动性的三个小方法

1.制订合理的目标。成功不是一蹴而就的，而是由多个短期目标的实现来慢慢积累的。不管做什么，我们都需要提前为自己确立一个目标，并且确保这个目标是具体可实现的。符合自身实际情况的目标往往能够给予我们希望，也会在实现后成为我们应对下一个目标的重要推动力。

2.给自己划定时间限制。确立一个目标时为自己加一个实现期限，既能够有效地督促自己积极实现目标，又能够防止自己沉溺于某一个小方面而过度消耗时间与精力。

3.放弃之前"再试一次"。面对失败和一时的困境，"再试一次"不仅是为了获得事情的转机，更重要的是通过这一举动能给予人面对困难的勇气，不至于因半途而废而有所惋惜。

做个乐天派

能否用积极的心态去看待暂时的不如意，正是区分乐观与悲观的关键点。一个人能否顺利渡过人生的困境，很大程度上与他们的心态有关。拥有乐观精神的人无论处于什么样的环境，都能看到事物好的方面而采取积极的行动。而奉行悲观主义的人则往往以消极的心态衡量周遭的一切事物，使得自己在逆境中承受比逆境本身更可怕的心理压力。

珍妮弗最近很不开心，她原本住在繁华的大城市里，每天都生活得很幸福，但是突然有一天，做教师的丈夫回来告诉她，他报名参加了支教活动，不久之后就要到遥远的乡村去工作了。

"你可以留在家里等我回来。"丈夫看着她惊恐的表情，体贴地建议道。

珍妮弗很想答应，但是对丈夫的爱阻止了她，她犹豫了很久，还是对丈夫说："不，我要和你一起去。"

很快，珍妮弗和丈夫收拾了行囊，一路上换了几趟车，终于来到了丈夫支教的乡村。但是，当淳朴的乡亲将他们带到住的地方时，珍妮弗崩溃了。

"这怎么能住人？"珍妮弗望着简陋的房间和摇摇晃晃的桌椅，整个人沉浸在巨大的恐慌中。

"没关系，我们收拾一下就好了。"乐观的丈夫安慰她。

没办法，珍妮弗只好和丈夫一起忍着旅途的疲惫，撑着最后一口气收拾好了房间，可是，晚上当珍妮弗筋疲力尽地躺在床上时，她发现了更加严重的事情。

"天哪！你看，房顶上竟然有个洞！"她一下子从床上坐起来，大惊失色地指着房顶叫道。

丈夫顺着她指的方向望过去，果然发现了一个小洞，房间里一片漆黑，可是那个小洞里却透出一丝星光。

"躺在床上就能看到星光，这真是件很棒的事情。"

丈夫想用玩笑让珍妮弗放松下来，但是却失败了，这一天晚上，珍妮弗一整夜都没有睡，她望着那个洞，对未来的生活充满了绝望。

接下来的日子里，虽然珍妮弗的丈夫请人修补了那个破洞，但是珍妮弗完全高兴不起来，她觉得自己和这里格格不入。每当丈夫去上课的时候，她总是一个人待在房间里，连门都不想出。

出去又能做什么呢？这里的人说的方言她完全听不懂，崎岖的山路让穿着高跟鞋的她寸步难行，更别提在路上总是会遇到穿着破烂衣服的人们，甚至经常看到有猪和鸡在外面自由活动，一不小心就会弄脏自己的衣服。

"我觉得自己在这里一天都待不下去了，总有一天，我会疯掉的。"她对着丈夫抱怨。

丈夫很久没有说话，珍妮弗也不再开口，只是在临睡前，她望着已经补好的屋顶，默默地下了决定："明天我一定要离开这里。"

第二天，当珍妮弗醒来的时候，丈夫已经离开了，只是在珍妮弗的枕边留下了一张小字条。

"亲爱的，两名囚犯透过窗户看外面，一个看到了窗棂上的泥巴，一个看到了美丽的星光，幸福还是痛苦，都取决于你的眼睛。"

珍妮弗盯着这张字条看了很久，她突然觉得有一记重锤砸在胸口，一时间有一种恍然大悟的感觉。而这个时候，刚好有一个孩子从他们的门外跑过，银铃般的笑声回荡了很久，一股久违的情绪突然占据了珍妮弗的心灵。

"好吧！让我来试试，能不能从破洞里看到星光吧！"珍妮弗对自己说。

珍妮弗一改之前沮丧的样子，她换下了脚上的高跟鞋，穿上舒适的衣服，勇敢地走出了家门。她努力学习这里的方言，同时利用自己的知识，帮助这里的人将山上的特产通过网络销售向全国各地。她和丈夫一起为这里作出了很大的贡献，最终在收获了大家尊敬的同时，也找回了自己久违的快乐。

人生的道路千条万条，每一条都是用心来描绘的，不管身处多么艰难的环境，都不应该让悲观的情绪影响到自己的生活。就像故事中的珍妮弗一样，如果不是丈夫的乐观感染了她，她的世界将始终被痛苦萦绕。但是当她放开自己的心，用乐观的精神去迎接周围的一切时，她不仅实现了生命的价值，同时也领悟了快乐的真谛。乐观的心态会给你带来无法预料的能量跟收获，而这种能量与收获也会成为你在社交中的闪光点，使你成为一个更加受欢迎的人。

★ 情商拓展训练课

乐天派的三个小妙招

国外心理学家指出，乐观主义者更容易取得成功。那么我们怎样在日常生活中通过简单的方法去培养我们的乐观精神呢？

1.挺胸抬头。科学研究证明：身体的姿势与心理的状态密不可分。所以，要矫正心理，请先矫正身体。当我们挺胸抬头时，会由内至外地散发一种自信感，面对困难也就容易产生"我可以应付"的乐观态度。因此在下一次遭遇挫折时，请记得调整一下你的姿势。

2.用愉快的声调说话。谈到人际交流，很多人都听过这样一句话：重点不在于我们说了什么，而是在于我们怎么说。"怎么说"包括一个人说话的声调、说话时的表情和肢体动作等方面。通过声调的改变，我们甚至可以直接改变一句话所传达的含义，如果你想让自己变得乐观些，或是向他人传达你的善意，不妨先学会用愉快的声调进行表达。

3.化抱怨为行动。一个积极乐观的人在面对挫折时，往往不会花费大量时间去推卸责任地说"要不是别人不配合，我肯定能成功"，或者唉声叹气"为什么受伤的总是我"。乐观者的时间、精力永远用在改善现状中。所以，我们可以先从用"怎么改变这种情况"的思维取代"为什么我这么倒霉"的思维开始。

成为有雄心的人

拿破仑作为法兰西帝国的皇帝，曾驰骋整个欧洲大地，但他的出身也只是个落魄的贵族，幼年甚至还为了温饱而发愁。即使是这样，他也说出了"不想当将军的士兵，不是好士兵"这样的豪言壮语。拿破仑的成功离不开个人的努力，他在年轻的时候就给自己立下了远大的人生目标，无论处境多么悲惨，受了多少挫折，都丝毫没有动摇他要成功的想法。青少年在生活中也应当为自己树立远大的理想，并为此不懈努力，做一个有雄心的人。

梅丽今年六岁，她和爷爷一起住在远离他人的山上，靠着放羊和伐木来维持生活。山上的日子虽然艰难，但这对梅丽来说并没有什么，她每天放放羊，砍砍柴倒也觉得自在，爷爷虽然脾气不太好，但是对她总是慈祥温柔，从不过分要求她去做些什么，梅丽的生活十分快乐。

这一日，梅丽像往常一样赶着羊群出去吃草。到达草场后，她在一块石头后

面发现了一本书。她心想,这本书大概是哪个野营的人不小心丢在这里的吧。对书本充满好奇的梅丽没忍住把书拿了起来,她发现上面密密麻麻地写满了字,还有图画,上面有人、动物、建筑。梅丽特别想知道这本书到底讲述了什么东西,无奈自己没有上过学,根本看不懂那些字。

于是,梅丽拿着书跟着爷爷找到了学堂老师来解决这个"难题"。老师听了她的请求后表示愿意帮助她。接着,老师拿过书便读了起来。书中的故事波澜起伏,十分精彩,梅丽很快便被书中的故事迷住了,一瞬间,她觉得好像除了书中的故事其他的都不重要了。正当梅丽听得入迷,老师却突然将书合上了。面对梅丽不解的神情,他疑惑地问道:"这种故事只要会认字就可以阅读,我看你已经到了上学的年纪,怎么不去上学学习认字呢?这样不是能更好地去阅读吗?"梅丽的爷爷抢在梅丽前面,说道:"我认为根本没必要读书!我也没读过书,做一个牧羊人,不一样活得很好?"

老师没有理会爷爷,对着梅丽继续问道:"小姑娘,你想知道后面的故事吗?"梅丽重重地点了点头,老师继续说道,"这就需要你自己来想办法了,我送你一本词典,你可以根据词典学习认字,要是中途有不懂的可以来问我,直到你能把这整本书念下来,可以吗?"虽然梅丽还不太明白老师说这些话的意思,但她还是点了点头表示答应。爷爷见梅丽答应,也不再说什么。

梅丽跟爷爷回到山上之后,便开始拿着书与词典一个字一个字地对照着学了起来。但这对初学的梅丽来说太难了,最初她连词典怎么用都不知道,如果不是自己实在太想知道故事后面发生什么,她也许会选择放弃。可她为了自己读懂故事只能硬着头皮继续学习,每次有不懂的地方都会下山去找老师解答。爷爷看到梅丽这么辛苦,感觉非常心疼,便带着她来到山下住,还将她送到了学堂学习。

一段时间以后,梅丽已经能把书全念下来了。这件事在梅丽的心中埋下了一颗小小的种子。

有一次，在课堂上，老师问讲台下面坐着的孩子们长大以后想要做什么？孩子们的回答五花八门，有的想学捕鱼，有的想做裁缝，有的想继续做牧羊人，轮到梅丽时，她站起来说道："我想要写故事，然后让全世界的人都能看到我的故事。"梅丽说完之后教室里所有同学都开始嘲笑起她来。老师让同学们安静，问梅丽道："那你想写什么样的故事？"梅丽回答道："我想写所有人都爱读的故事，就像之前那本书一样。"本来已经安静下来的课堂在梅丽说完之后又沸腾了起来，大家都觉得她在异想天开。放学之后，老师送给梅丽一个本子，并对她说道："你跟他们不一样，好好加油，做你自己想做的，保持着你的这个伟大志向，好好利用这个本子。"老师的话让梅丽更加坚定了自己的想法。

多年之后，梅丽成了著名的作家。只要是她的书，一经发售便好评如潮，众人都争相购买，很快书本便会脱销。梅丽在她的一次采访中说道："我们生来没有什么不同，远大的梦想是突破束缚最有利的武器。"

因为想读一个故事，梅丽开始学习，又因为一个远大的理想，梅丽彻底改变了自己的人生。没有获取成功的雄心，我们永远也无法战胜自己内心的怯懦，只会在人生的道路上踌躇不前。我们不能将未来束缚在狭隘的思想之内，伟大的思想虽不能让自己一定变得伟大，但卑微的思想肯定能让人变得卑微。做一个有志向、有魄力、有胆识的人，这样才不会失去方向，才不会被社会淘汰，只有敢想才能敢做，有雄心，才能创造属于自己的人生奇迹。

★ 情商拓展训练课

学会保持自己的雄心壮志

雄心壮志，是我们奋斗的发动机。因此，学会保持雄心壮志对于成功来说极其重要。那么如何让自己在成功的道路上能一直保持雄心壮志呢？

1.设定目标应实际合理。不切实际的目标不仅不会成就我们，还会让我们陷入无法达成的苦恼中，以致打击自身的积极性。所以在设定目标时，切记考虑目标的合理性。

2.小目标代替大目标。远大的抱负，常常不可能一蹴而就，它需要一个较长的实现过程，意志力不那么强的人在等待的过程中可能会失去信心。因此将理想分步来完成，每一次，一个小目标的实现，都可以激发我们的成就感，让我们保持前进的斗志，避免丧失信心。

3.积极行动。做事及时、果断的人，总会显现出独特的个人魅力，想到就去做，不要犹豫。机会总是转瞬即逝，只有果断出手，才能抓住机遇，走向成功。

4.寻找榜样，给自身适当的压力。可以给自己寻找到一个榜样，并对照着他朝着自己的目标方向前进。给自身一定的压力，就能更多地激发自己的动力，让自己更加努力地朝着目标前进。

辩证看待得失

塞翁失马，焉知非福？事物常常具有两面性，乐观的人总能理性对待事物，辩证地对待得失。

九年级三班的布莱迪是一位金发碧眼的小男生，他的个头不高，有些胆小内向，在班级里不爱表现自己，他最好的朋友是玩具小熊泰迪。

即使已经十五岁了，布莱迪每天晚上还是要抱着泰迪熊才能入睡，每天早上他要与泰迪熊一起吃早餐，上学的路上也不忘把泰迪熊揣在衣兜里，课间休息时甚至一个人对着泰迪熊说悄悄话，从不参与同学之间的游戏活动。为此，布莱迪没少受同学们的嬉笑嘲弄，被戏称为"长不大的布莱迪"。

星期一放学时，布莱迪反常地没有按时回家。"我的泰迪！"布莱迪一边在绿化带里翻找着，一边歇斯底里地叫喊着，"我的泰迪熊不见了！"

"够了！"爸爸严厉地呵斥道，"不过是一只玩具熊而已，丢了就丢了，快跟我们回家去。"

"不！泰迪不只是一个玩具，他是我最好的朋友！"布莱迪绝望地嘶吼道，眼泪鼻涕早已经模糊了整张小脸，但不近人情的爸爸直接把他扛回了家。

"呜呜呜……我不要吃饭，我要我的小熊。"布莱迪企图以绝食的方式说服爸爸，但这种方法并无成效，直到半夜十二点，实在饿得不行的布莱迪悄悄打开房门，准备去厨房找点食物。

"哇！"布莱迪十分惊讶，他看见一只超大号的玩具熊守护在他的门口。

"布莱迪，你好！"超大号的玩具熊说话了。

"你……你好！"布莱迪既紧张又兴奋地回应道。

"我是小熊泰迪的爸爸。"超大号的玩具熊自我介绍完后接着说道，"因为我和泰迪的妈妈都太思念泰迪了，所以把他接回了家，希望得到你的谅解。"

布莱迪低下头，自言自语道："原来是泰迪的爸爸妈妈接走了它？"

"所有的父母都不愿意跟自己的孩子分离，不论是物理的距离，还是心与心之间的分离。"熊爸爸深深注视着布莱迪说道，"就像你的父母一样，他们很渴望与你打破心的隔阂，希望你能获得更多的东西。"

布莱迪抬起头，看着熊爸爸的眼睛问道："更多的东西？"

"你的爸爸妈妈都希望你能获得更多的朋友。"熊爸爸意味深长地强调道，"真正的朋友。"

"真正的朋友？"布莱迪不解地反问道。

"你需要辩证地看待失去泰迪这件事情。"熊爸爸解释道，"虽然这是一件伤心事，但是你也能因此找到其他真正的朋友，是能够与你直接交流，也能够陪伴你的真心朋友。"

"我明白了，谢谢你，爸爸。"布莱迪笑着说道，"你脚上的拖鞋出卖了你，还有玩偶服正面的拉链。"

被揭穿的爸爸忍不住哈哈大笑，父子俩终于得以冰释前嫌。

"辩证地看待？"布莱迪睡觉前依然在嘴里默念着这几个字，没有泰迪熊的陪伴，使他辗转反侧难以入睡，"我怎么才能找到真正的朋友呢？"

第二天，布莱迪挂着两个大大的黑眼圈走进了教室，却见到班里的小霸王安德鲁惴惴不安地等候在他的座位边。

还不等布莱迪询问，安德鲁就率先鞠躬道歉："对不起。"

布莱迪满脸疑惑地待在原地，只见安德鲁缓缓从衣兜里掏出了布莱迪心心念念的泰迪熊。

泰迪熊此时的模样惨不忍睹，脑袋上还有一条蜈蚣一样的缝合线，但更引人注目的是安德鲁的手。两只手的手指都布满了大大小小的伤痕，很明显是缝合小熊时扎伤的。

"对不起。"安德鲁忐忑地再次道歉，"我知道小熊是你最重要的朋友，我曾经也有一只这样的小熊，后来被我弄丢了。所以我才忍不住偷走了你的小熊，想跟它玩一个晚上。但是我昨天晚上带回家玩时不小心把小熊划了一道口子。很抱歉没有经过你的同意就带走了它，而且我真的不是故意伤害它的。"安德鲁难过地说，"你一定无法原谅我……"

"谢谢你。"布莱迪小心地接过小熊说道，"谢谢你帮我缝好了小熊。"

"你原谅我了？"安德鲁震惊地再次确认道。

"是的，我原谅了你。"布莱迪说道，"虽然我很难过小熊被弄坏，但我也见到了你道歉的真心。"布莱迪把小熊放回衣兜，跟安德鲁说道，"我们先去医务室，帮你的手涂点药膏吧。"

"谢谢你的原谅。"安德鲁感动地说，"布莱迪，我们能成为朋友吗？"

布莱迪注视着安德鲁的双眼,笑着说道:"当然,我的朋友。"

在这个故事中,学会辩证看待得失的布莱迪成功从失去小熊的阴影中走出,收获了真正的友谊。不拘泥于失去,主动探寻事物的积极面,理性地生活,青少年才能在人际交往中更加从容。

★ 情商拓展训练课

如何正确看待人生得失

1.正确看待得失,要学会做"减法"。 人生就像一辆行进的车,它能负载的东西有限,超过限度只会让人生不堪重负。我们要学会正确看待得失,运用减法放下过重的负担,才能轻装上阵,顺利前行。

2.正确看待得失,要学会脚踏实地。 过好人生前提是夯实自身基础,所以我们应当不断丰富自己,努力前进,不要过于急功近利,好高骛远。

3.正确看待得失,要学会长远规划。 想成为人生的赢家,应当放宽眼界,不计较眼前一时的得失,学会长远规划,运筹帷幄方可决胜千里。

★ 第四模块
感知他人,学会倾听

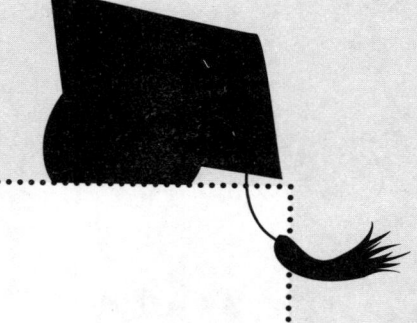

善于听取他人的意见

一个人有过错不可怕,人非圣贤孰能无过,可怕的是不愿意接受他人的批评意见最终铸成大错。俗话说:"良药苦口利于病,忠言逆耳利于行。"每个人的认知都因个人阅历不同而有所局限,青少年社会阅历不足,但是可以通过听取他人意见,吸取他人的经验来获取社会经验,从而获得成功。但这不是要求我们对于他人的意见全盘接受,而是告诉我们要广泛听取建议,再从中选取有益部分加以吸收,为己所用。

数学家陈景润在未出名之前,在一所中学当老师。他有一次读到数学家华罗庚的学术论文,发现其中有一处错误,于是特意写信给华罗庚,指出错误并提出了自己的意见。虽然华罗庚在当时是一位名气大、地位高的数学家,但当他读到这封信后,却非常高兴,甚至在一次学术研讨会上,专门把陈景润的来信读出来,并且建议这次的研讨会也邀请陈景润来参加。这两个数学家,一个不害怕提出专家名人的错误，一个肯虚心接受意见和批评。他们胸襟开阔，有胆气有见识，所以他们后来在数学上取得的成就和为人处世的态度都非常让人敬佩。

著名的艺术家黄永玉老先生，曾经给他非常喜爱的一位剧作家写过信。这位剧作家便是曹禺。他们初识是在1950年，黄永玉来北京探望沈从文，刚好碰上了沈从文和巴金、萧乾、曹禺等人在北海公园举行聚会。之后虽然黄永玉和曹禺两人来往并不密切，但黄永玉一直关注着曹禺的戏剧。直到有一天，黄永玉直接写信给他喜欢的这位前辈，信中写道："你是我极尊敬的前辈，所以我对你要严！我不喜欢你新中国成立之后的戏。而且是一个也不喜欢。你心不在戏里，你失去伟大的灵通宝玉，你为势位所误……命题不巩固，不缜密，分析得也不透彻。过去数不尽的精妙的休止符、节拍、冷热、快慢的安排，那一箩一筐的隽语都在你作品里消失了……"

在信中，黄永玉除了直言曹禺后期剧作创作的局限，还指出他为势位所误，没有一个精神自由的创作状态。黄永玉还坦诚地说，曹禺曾是他心目中那一时代的高山，所以如果他不跟曹禺老实地说出自己的意见，就愧对两人的友谊。而收到黄永玉这封信的曹禺，在仔细阅读完信后，十分感动。他立马给黄永玉写了一封回信，足足有十五页。这封回信也一直被黄永玉珍藏着。

华罗庚、曹禺正是由于虚心接受他人的意见，才会一步步在各自的领域取得惊人的成就。名人都尚且如此谦虚地听取意见，我们更应该做到善于听取意见，只有这样才能不断地改进自我。

★ 情商拓展训练课

怎样学会善于听取他人意见

魏徵曾曰:"以铜为鉴,可以正衣冠;以古为鉴,可以知兴替;以人为鉴,可以明得失。"意为站在镜前,我们可以纠正衣着打扮;面对历史,我们可以汲取经验教训;兼听人言,我们可以知道自己的不足,以便我们改正缺点,取得进步。人都会犯错,犯错不可怕,不愿意听取别人的意见,从而导致更大的失误才可怕。不过听取他人意见也有技巧,我们在面对他人的意见时,不要一味地遵循,要学会自己判断选择。那么如何面对他人的意见呢?

1.理性分析。在面对他人给出的意见时,我们应当进行理性地分析他人意见中的利弊,然后取其精华,去其糟粕。

2.三思后行。如果不能判断他人意见的正确与否,不妨向经验丰富的前辈以及亲友虚心请教,综合他们的意见,然后再作决定。

3.真诚感谢。在他人对自己提出合理的意见时,不管意见的内容,我们都要真诚感谢。只有这样他人才会愿意向我们提出意见,我们才能收到更多的意见,也能更多了解他人对于自己的看法,从而进行相应的改变,让自己不断进步,变得更优秀。

善于倾听

善于倾听是一门艺术，不仅是简单地用耳朵来听说话者说了什么，还需要用心感受对方在谈话过程中表达出的语言信息和非语言信息。认真地倾听别人讲话，表达出的是一种对于说话者的尊重。

费德蒙是一个活泼开朗的男孩，一开学就凭借其灿烂的笑容与大方的言谈为老师和同学们所喜爱，因此结识了许多的好朋友。但是，最近费德蒙也遇见了一件烦心事，他发现自己没办法融入班上的讨论中了。每当下课铃声响起，费德蒙便兴冲冲地去找他的小伙伴玩，可是原本聊得很开心的同学们一见费德蒙便停止了聊天，各自散开。费德蒙很苦恼，心想："大家以前明明很喜欢和我一起玩的，为什么现在都抛弃我了呢？"

费德蒙百思不得其解，便拽住了一位过去的好朋友尼奥问他原因，希望他能给自己一个答案。

尼奥望着费德蒙微微皱眉小声说道:"大家不是不喜欢你,只是不想和你说话。因为……"

费德蒙惊讶地张开嘴:"为什么不想和我说话?我从来都不说脏话,更加不会辱骂他人。我很严谨地要求自己尊敬每一个人,我珍爱我的朋友。而且我的口音也十分标准,并不会对聊天交谈形成阻碍。我……"

"因为每当你开始说话时,别人便没有说话的机会了,久而久之,当然没人想跟你聊天了。"尼奥的脸上微微有些怒意,好在此时上课铃响了起来,结束了两人的谈话,尼奥和费德蒙便迅速回到了教室。

费德蒙坐在自己的位置上思考着尼奥的话,老师说的每一句话他都没有听进去。他一遍又一遍地反思自己,为什么我说话的时候别人就不能说话了?为什么别人会因此避开我?为什么我的朋友越来越少?越想越糊涂的费德蒙只好在下课后去寻求班主任玛丽老师的帮助。

费德蒙轻轻敲响办公室的门:"玛丽老师您好!我想和您谈一谈。"

"原来是费德蒙同学,请进来吧,你有什么烦恼要向老师倾诉吗?"玛丽老师将费德蒙迎进来,请他在沙发上坐下。

"是这样的,我的朋友最近对我十分疏远,这让我觉得自己在社交方面十分失败。我喜欢我的朋友们,我有很多事情想跟他们分享,但现在看来我并没有这个机会了。"费德蒙扁着嘴说道。

玛丽老师若有所思地望着费德蒙问道:"那么你知道原因吗?"

"尼奥告诉我说,因为他们不想和我说话……"

玛丽老师打断他的话:"是尼奥同学告诉你的,不是你自己发现的吗?"

"是的,我今天特意找尼奥问的,他说……"

玛丽老师再一次打断他问道:"你特意找他问的,你怎么问的?"

"我下课时追上去，紧紧抓住他不让他跑，他才……"

玛丽老师又打断了他的发言，说道："下课时可是不允许在走廊上追跑打闹的，费德蒙同学请你今天放学时交一份检讨书给我。"

"好……好的，我知道错误了，我放学时一定会交给您。"费德蒙吓了一跳，赶紧向玛丽老师认错，急急忙忙地想赶回教室去写检讨书。

当他拉开办公室门的时候突然想起自己的问题还没问呢，于是他连忙回头说："玛丽老师，我今天的问题您还没有……"

只见玛丽老师微笑着望着他说道："你喜欢我刚才的行为吗？在你说话的时候一直不停地插话，打断你的思路。"

"嗯……不太喜欢，您害得我都差点忘记原本要问的问题了。"费德蒙郁闷地望着班主任说道。

玛丽老师微笑说道："这便是你问题的答案。在别人说话的时候要学会倾听，不要随意打断，有什么问题，你可以在别人说完后再提出来。去吧，尝试着做一个好的倾听者，大家会感受到你的改变并重新喜欢你的，你也会因此收获更多的好朋友。"

费德蒙回家后将"善于倾听"四个字写在一张小纸条上，放在了自己的口袋里。当他忍不住想在别人发言的过程中插话时，便将手伸进口袋里摸一摸那张小纸条，以此提醒自己时时克制这种不好的习惯。

慢慢地，同学们发现费德蒙改变了，他不再经常地谈论自己，不再总想着占据着谈话的中心，他学会了尊重别人发言的权利，不再随意打断别人的对话，他成了所有人都喜欢的倾听者。越来越多的小伙伴喜欢找费德蒙倾诉心里的烦恼，在一吐为快后还能听听费德蒙为他们提供的衷心建议。因为费德蒙总是很专注地倾听着，帮助他们敞开内心的门扉。

在这个故事的开始,费德蒙因为总喜欢插话,导致小伙伴们都渐渐地远离他。虽然大家都知道他是一个好孩子,但是没人喜欢自己的谈话经常被打断。经过班主任玛丽老师的帮助后,费德蒙终于意识到了自己行为的不妥之处,并且积极地采取改变措施,他不仅将"善于倾听"四个字写在纸条上,更是将这四个字铭记在心里,时刻严格贯彻在自己的生活中。

★ 情商拓展训练课

学会倾听的技巧

学会倾听是一门很大的学问,想要在与他人的谈话中收获信任,赢得好感,学习一些关于倾听的小技巧是必不可少的!

1.态度真诚,专心聆听。我们在与人交谈时,可以试着注视对方,在适当的时机应声回应对方,表达自己真诚倾听的态度;你专心的聆听会带给对方以鼓舞,激起对方继续诉说的兴趣。

2.即时反馈,有效聆听。与他人交流时,即时反馈可以激起对方交流的兴趣,让对方会更愿意继续诉说自己的心声。如果对方一直得不到反馈,可能会误解我们的态度，降低交流的兴趣甚至终止与我们的交流。

3.学会引导，亲密聆听。在与他人的谈话中，我们不要突然打断对方的讲话或者将话题过多引入自己的身上，大谈自身的处境或者想法，这样会降低他人与我们谈话的欲望。我们更应该将话题往他人身上引导，深入展开话题，并配合他人，将话题展开来以此获得他人对话题的愉悦态度，从而促进两人关系发展。

希望大家在学习了小技巧后，能学会倾听，从而与周围的亲友们进行一场愉悦的交流！

尊重他人就是尊重自己

尊重他人是高情商的体现，同时，赢得他人尊重也是人们努力奋斗的目标之一。生活中有很多人因渴望在人际关系中获得尊重，而一味抬高自己、标榜自己，甚至不惜贬低他人以突出自己。事实上，这样的行为不仅不能够帮助自己获得他人的尊重，反而会引起他人的厌恶。因此青少年在社交生活中要学会尊重他人，须知敬人者，人恒敬之。

在一位班主任的教育手册上曾经记载着这样一则事。有一天，班上的一名姓李的同学来找班主任告状，哭诉班上的同学们给他取了难听的绰号——李大嘴。班主任便询问是谁给他取的绰号，李大嘴伸出手指一一数道："是招风耳、大喇叭、灭害灵……"

许多人听完这个故事都不由得付之一笑，但笑过之后又不免深思：所有的尊重都是自己给的，尊重别人，你才能够赢得同等的尊重。

还有这样一个故事，在一个遥远的陌生国度里，有三个学生获得了一个宝贵的机会，他们被召唤至智慧宝殿中，等待着最后一轮考验，胜利者将被智者收为徒弟，学习那个时代最先进的哲学思维。

三个学生一大早就来到智慧宝殿，但宝殿大门紧闭，苦等至正午，太阳将三人晒得汗流浃背，智慧宝殿的大门仍旧未开。早就等得不耐烦的尤里斯气愤地往大门上踹了一脚："看门的都上哪儿去了，我们可是来见智者的，岂能受你们这种冷遇。"

没想到原本紧闭的大门居然如此轻易地被踹开了，一名老者端坐在宝殿正中，三位学生连忙垂首行礼。尤里斯慌慌张张地想往后躲藏，生怕智者看到了自己方才的无理举动。但仔细一看才发现，老者眼眸微合，竟已经睡着了。

维治大着胆子开始打量眼前的老者，从褴褛的麻布衣裳到脚上的草鞋，慢慢地，维治眼神中充满了鄙夷。他转身冲两个同伴说道："得了吧，这个脏老头穿得这么破烂，最多就是个看大门的，绝不可能是尊贵的智者，都怪他偷懒没给我们开门，耽误了我们这么多的时间，真是晦气。我们快进入正殿吧，智者还在等咱们呢！"

尤里斯听到这话也不再拘束，兴致勃勃地与维治一块在殿内转悠，还因刚才的苦等故意大声咒骂那个不称职的看门老头。

大殿内原本的宁静氛围被打破了，"看门老头"也渐渐苏醒过来，慢条斯理地打了个哈欠。

科尔赶紧上前行了个礼，尊敬地询问道："您好！我们是今天来参加测试的学生，请问您知道智者在哪吗？"

"看门老头"深深注视着眼前的科尔，和蔼地回答道："智者午睡醒后喜欢喝一杯蜂蜜水。好孩子，帮我去东边的集市买一罐蜂蜜吧，回来后我会告诉你智

者在哪。"

尤里斯和维治在一旁偷听完，立马争先恐后地向集市飞奔而去。科尔则向老者道谢后，才向集市赶去。

尤里斯气喘吁吁地最先找到了蜂蜜摊子，他见老板是乡下人打扮便朝老板大声喊道："老头，快给我拿一罐蜂蜜！快！"边说边防备地往后张望。老板丝毫没有理会这位没礼貌的年轻人，尤里斯恨不得赶紧拿着蜂蜜就跑，可是蜂蜜摊旁边的警卫恶狠狠地望着他。

这时，维治也赶到了蜂蜜摊，看着尤里斯还没有拿到蜂蜜，维治十分开心并甩出一大把钞票，他高傲地对蜂蜜老板说："卖蜂蜜的，我要你这所有的蜂蜜，零钱不用找了。"

蜂蜜老板脸色未变，伸手指了指右边的小路，小路尽头处整齐摆放了许多蜂箱。维治喜不自禁地朝蜂箱走去，尤里斯见状也紧紧跟在后边，并回头骂了老板一声"死财迷"。

不一会，科尔也来到了蜂蜜摊，他礼貌地向老板问道："先生您好！我需要买一罐蜂蜜。"

老板微笑着询问道："请问是智者需要蜂蜜吗？"

科尔点头回答道："是的。"

老板从摊子下拿出特意给智者准备的一罐蜂蜜，递到科尔手中："智者已经付过钱了，快拿回去吧！"

当科尔带着蜂蜜回到智慧宝殿时，其他二人却带着满身"包"回来了。很明显，蜂箱里的蜜蜂并不喜欢陌生人的惊扰。"看门老头"依旧端坐在原地，微合着双眼仿佛在沉睡。

"看门的，快把智者叫出来！"尤里斯和维治一边催着老头，一边龇牙咧嘴揉着身上被蜜蜂叮咬的肿包。科尔则手捧蜂蜜,恭敬地伫立在老者身前。

"看门老头"缓缓睁眼说道:"不懂尊敬为何物之人何谈尊敬知识,又何谈获得他人尊敬。"

说完,"看门老头"的目光转向科尔,接过他手中的蜂蜜说道:"尊重他人也是尊重自己,这种相互尊重带来的感觉如蜂蜜般甘甜且值得回味。"继而他含笑问道,"你可愿拜我为师,在智慧宝殿中探寻知识的无穷奥秘?"

原来"看门老头"即是备受推崇的智者本人,科尔欣喜难抑地完成拜师礼,而其他二人则早已因为智者的一番话羞愧地逃走了。

通过这个故事,我们可以从三位学生不同的言行举止中观察出,尤里斯的性格是粗鲁莽撞的,当所有人都在耐心等待考验时,他不仅直接踹门,还不停责怪,对待蜂蜜老板的态度也无任何礼貌可言。维治则是傲慢无礼的,他鄙视智者穿着破烂,炫耀自己的金钱财力,最终也无法通过考验。唯有对待任何人都心怀尊敬的学生科尔最终通过考验,顺利获得智者的认可。他或许并不聪明,也没有其他人那样雄厚的财力背景,但懂得尊重,使他从众人中脱颖而出,有机会在智慧宝殿中遨游知识的海洋,实现自己的梦想。

★ 情商拓展训练课

如何做到尊重他人

1.尊重他人，要待人有礼貌。比如尊重他人的劳动成果，尊重他人的选择，尊重他人的想法，尊重他人的人格等。

2.尊重他人，要学会推己及人，善于从对方的角度思考问题。比如在邀约他人参加聚会活动，他人拒绝参加时，我们不妨换位思考，也许他拒绝的原因是因为当天临时有事，或者是因为与其他人已经有约等。这样思考过后再去看待他人的拒绝，便更容易尊重他人的选择。

3.尊重他人，要善于发现他人的优点，学会欣赏。面对他人的缺点，要学着包容，不做损害他人的事情。看到他人比自身优秀之处，要真心赞美。对于他人与自身不同之处，不歧视或者排斥，学会接纳。

求同存异，架设友谊的桥梁

求同存异，找到共同点，保留不同意见，是我们处理纷争常常会用到的重要方法。情商高的人擅长从双方不同的观点中寻找共同的思想，争取共同的利益，同时保留不同的意见和主张。从矛盾中寻找平衡点，能有效避免矛盾的爆发。

暑假到了，杰克和朱蒂组队参加了一个高中生摄影比赛。杰克想去动物园拍摄可爱的动物，凶猛的森林之王、可爱的海洋生物、憨态可掬的熊猫都深深吸引着他。朱蒂想去植物园拍摄植物写真。正是百花齐放的时节，每天都有络绎不绝的游客从全国各地涌来。杰克认为植物园太无趣，朱蒂觉得动物园臭烘烘的招人厌烦。两人陷入了僵局。比赛经费只有一百块，不够同时承担植物园和动物园的门票，所以今天只能选择去一个地方。

"杰克，你知道吗？最近几年获得金奖的拍摄作品可都是风景类的，保护自然是永恒不变的主题。"朱蒂拿出前几年的获奖作品集，试图劝说杰克。

"保护自然的目的不就是保护家园,为这些可爱的动物们提供更好的生活环境吗?"杰克反驳道,"连续几年的金奖都是风景类作品,评委们早就看腻了,我们是时候提供一点新意了。"

"我可不认为在动物园拍摄动物是一个很有新意的决定。"朱蒂说道。

"那是因为你的审美能力不行,无法欣赏到那些动物的可爱之处。"杰克有点傲慢地说道。两个人在大庭广众之下你一言我一语地争吵了起来,但无论是杰克还是朱蒂都只是一直在强调自己的选择如何正确,抨击对方的提议如何逊色。

"好了,你们都别争了,静下心来谈一谈好吗?"被争吵声吸引来的莉莉阿姨急忙劝说道。

"好的,莉莉阿姨让我先来说吧。"朱蒂先深呼吸平息了一下怒气,然后说道,"为了赢得这次比赛,我花了一个多月的时间仔细研究这些年的获奖作品,才最终将拍摄主题定为植物。恰逢这些天植物园的鲜花开得正好,所以我希望今天能去植物园完成拍摄。"

杰克听完朱蒂的话后,十分惊讶,朱蒂竟为此做了这么久的准备,但还是坚持摆出了自己的意见:"我也是仔细研究了历届的参赛作品,发现很少有拍摄动物的主题,才想借此让评委们眼前一亮,为我们的作品赢得更高的胜率。"

杰克和朱蒂隔着一米的距离对视着,彼此心里都有点难受。明明大家的初衷都一样,都是为了拍出更好的摄影作品,取得好成绩,从而赢得比赛,为什么会走到吵架的地步呢?在莉莉阿姨的调解下,两人决定暂时各退一步,准备先深入了解一下对方的想法。

"朱蒂,你今天想拍摄什么植物啊?要去拍荷花吗?"

"我希望拍一些生机勃勃,能展现自然生命力的植物,并没有固定的种类。"朱蒂略微思索了一会儿说道,"你呢?你想去动物园拍摄熊猫吗?"

"这可不一定，兴许我到动物园的时候刚好是熊猫睡觉的时间。"杰克回答道，"我想拍摄的是那些活泼可爱，让人一见就忍不住喜爱的动物，借此呼吁大家一定要保护动物。"

"如果有个地方能同时拍到动物和植物就好了。"杰克和朱蒂同时说道。

"孩子们，或许我能推荐个不错的地方，可以让你们同时拍摄到自己喜爱的主题。"莉莉阿姨在一旁微笑着听完两个孩子的对话，突然神秘地说道。

"真的吗？"朱蒂惊喜地问道，"真的有一个地方能同时满足我们两个人的要求？"

杰克也同样欣喜地请求道："莉莉阿姨，请您一定要告诉我们这个神奇的地方在哪。"

"我可以带你们去那个地方，但你们一定要答应阿姨一件事。"莉莉阿姨认真地说道，"无论你们今后遇见什么样的矛盾，也无论你们面对的是你们的朋友还是其他的人，我希望你们都不要急着争吵，而是先认真听听对方的想法和意见，然后找到一个双方都满意的答案。"

杰克和朱蒂互相勾勾小手指，达成了一个重要的承诺："莉莉阿姨，我们答应您，以后遇到问题一定会好好沟通，再也不轻易吵架了。"

"非常好，让我们一起朝着共同的目的地前进吧！"莉莉阿姨开着她的车，载着杰克和朱蒂一同朝郊外的牧场驶去。那里不但有自由奔跑的骏马牛羊，还有漫山遍野的鲜花绿草，洋溢着无限的蓬勃生机，是一片纯天然的自然风光。

在这个故事中，杰克和朱蒂通过"求同存异"的方法有效避免了矛盾的产生。由此可见，求同存异在我们人际交往过程中是必不可少的一环，若没有足够的情商去"求同"和"存异"，又如何能得到双方都满意的结果？

★ 情商拓展训练课

人际交往的求同存异

人与人之间的相处，常常会存在一些微妙的关系，因为我们在交集中既有共同的话语和追求，又不可避免地会存在着矛盾和冲突。这时，我们需要更小心地处理与他人之间的关系。我们要客观地评价自己，更要客观地看待他人。学会求同存异，是维系人际关系的重要条件之一。

在人际交往中，我们要学会找到相似点，这样更容易获得对方的好感，拉近与对方的距离。相似点可以分为外在相似点（生长地、血缘、职业、阅历等）与内在相似点（兴趣、性格、思想观念等），寻求相似点实质即为"求同"。

人和人的思维和行为方式是存在差异的，这些差异我们可以将其认为是个人的特质，所以，面对这些差异，我们应该学会"存异"。

以"求同"去打开对方心扉，以此为纽带深入了解彼此，努力进行交流，磨合，那么即使交往双方存在差异，随着交往的深入，相互理解，相互适应，我们也会越来越默契，从心底接受彼此。

学会察言观色

在人际交往中，懂得察言观色才能更好地理解他人。因为不同性格的人在言谈举止方面都会存在不同，要想真正解读他们的心意，就不能仅仅凭借他们说话的内容去理解，更要留心对方的微表情、语气以及一些肢体动作。

王志曾就读的高中班级同学感情十分深厚，毕业后几乎每年都会举办一次同学聚会，邀请同一个城市的老同学们互相联络感情，聊聊天说说最近的改变。每年的同学聚会王志都必定会参加，然而同学们对他却颇有微词。

有一年的同学聚会迎来了一位稀客，当年又高又帅的体育委员马瑞带着自己的老婆第一次参加了聚会。大家不由得取笑道："前几年不来聚会是不是都忙着陪老婆，所以才抽不出时间见见我们这帮老同学？"

王志却插了句话说："还不是怕见了咱们想起当年的尴尬，想当年马瑞踢足球赛时，一不小心掉进了下水道里，差一点就……"

王志话没说完,坐在旁边的马刚急忙捂住了他的嘴,防止他下边的话引起大家难堪。马瑞尴尬地干笑几声,在妻子询问的目光中无处躲藏,只好招呼大家继续吃喝缓解气氛。王志却忽视大家脸上略微尴尬的神情自顾自地说道:"捂我嘴干什么?你当年不也帮着他洗刷,还记得你俩身上萦绕了好长时间的臭味吗?"

马刚收回手,尴尬地笑了笑,却把头悄悄低了下来。这一年的同学聚会,王志突然拿出了一叠当年的旧照片,说是要勾起大家对当年青葱岁月的回忆,但照片大多都是当年偷拍的同学们的丑照,这当然引起了许多人的不快。有些爱美的女生不乐意看见自己的丑照落在别人手中,向王志要回,但王志却以照片是自己拍摄的为由不肯归还。

有几个同学兴致勃勃地要求拷贝一份照片,王志询问其他同学,其他同学都同意了,那几个爱美的女生也只能不情不愿地同意,但眼睛却恶狠狠地瞪着王志。可惜王志丝毫没有发觉自己惹恼了大多数人,还为自己帮助同学们保留住难忘的青春回忆沾沾自喜。这一次的聚会也由于王志不欢而散,但王志没想到这竟是自己参加的最后一次同学会。接下来连续两年,他都没有接到聚会邀请,直到某一次在饭店偶然遇见相聚的同学们,才知道同学会依然按期举办,只不过大家共同选择了遗忘自己。

王志依然不知道大家排斥自己的原因,他气冲冲地回了家。一推开门,王志五岁的儿子就缠着他陪自己玩耍。王志正在气头上,一声不吭,没理会儿子的请求,但见儿子一直没有放手的打算,他忍不住发火训斥道:"你没见到我现在很生气吗?我现在没有陪你玩的心情。"

儿子被吓得哇哇大哭,妻子连忙走过来安抚,并冲王志说道:"儿子才五岁,不懂得察言观色很正常,哪像你都三十多岁了,还是不懂察言观色。"

王志问:"什么察言观色?"

"曾经我也听你的同学提起过你的坏毛病。"妻子说道,"你总是忽视他人的感受说出不合时宜的话,做出不合时宜的事。"

儿子擦干泪水问道:"妈妈,什么是察言观色?"

"就是当一个人说话的时候,我们不仅要看他说了什么话,更要细心观看他的表情神色。"妻子慢慢地解释道,边说边有意地望了王志一眼,"就像爸爸刚刚虽然没说话,但是脸上的表情很明显不愿意陪你玩,这时你就不该缠着他,让他一个人待着就好。"

王志细细回想起之前每次同学聚会同学们的神态表情,有时的确自己说完话之后,同学们会流露出几分不高兴的情绪,虽然他们还是会露出勉强的笑容,但这其实都不是他们的本意,而自己却还浑然不知,仍然肆无忌惮地讲着大家曾经的糗事,做着令大家厌恶的举动。

王志终于找到自身的问题,于是,他认真给每个同学都发送了一条真切的致歉短信,并且在之后的为人处世中更加重视对他人的观察,时时注意自己的言行举止。通过一番努力后,他终于赢得了大家的宽容,挽回了同学情谊。

在这个故事中,王志因为不善于察言观色,在同学聚会上做出了许多令人厌恶的举动,最终被"赶出"同学聚会。由此可见,察言观色是感知他人的一种重要方式,也是提升青少年情商的一条有效途径,善于察言观色的人往往与他人相处更加融洽,能获得更加稳定长久的人际关系,帮助自己寻找机会,及时化解交际危机。

★ 情商拓展训练课

学会察言观色

1.学会辨别他人的行为中所带的情绪。在平常与人交流中，我们常会在自己的一举一动之中透露出当前的情绪，所以在与他人交际之时，我们也要学会擦亮眼睛，观察对方的行为，学会辨别其中带有的情绪。比如他人在与我们交谈之时，视线频频转向他处，并且伴随一系列手上的小动作或者脚上的动作，表明此时他的情绪有些浮躁，或者是对交谈内容不感兴趣，又或者有急事等着去忙，那么我们此时便应该尽快结束话题。

2.善于捕捉、了解对方的"弦外之音"。为了待人客气有礼，人们一般更喜欢将自己的真实意图藏在话语中，这时我们便应该去深入了解对方的话语，捕捉了解对方的真实想法，然后按照对方的想法给予相应的回应，这样才会获得他人的好感，促进双方情感交流。

3.增长自己的见识，累积经验。我们应当多主动去与他人交谈，慢慢累积与他人交谈的经验，自然而然也就学会察言观色了。

争辩促进磨合

波克定理指出：只有在争辩中，才可能诞生最好的主意和最好的决定。没有争辩的友谊不代表绝对的平静，一味地顺从不代表友谊能顺利走到终点。在人际交往的过程中，矛盾的产生是无可避免的，不过情商高的人往往能给彼此留下足够的交流空间。因此，青少年应该以正确的方式去看待每一次观点的碰撞，利用摩擦促进磨合也是高情商的体现。无摩擦便无磨合，有争辩才有高论。

高二一班在元旦晚会上演唱的那一首《团结就是力量》在全校师生的心里留下了十分深刻的印象。

提起高二一班，老师们都忍不住竖起大拇指称赞："这个班级非常团结，就像一根麻绳一样紧紧拧在一起。"

而班内的学生却明白，班级团结的核心是班长欧阳明。

欧阳明如同家长口中的"别人家的孩子"，他头脑聪明，组织能力强，无论

是文化成绩还是体育成绩都名列前茅,一直是老师眼里的好帮手,同学心中的好榜样。

最近,高二一班出现了一点问题——他们在篮球比赛中屡尝败绩。

"对方进攻能力太强,我们使用2-1-2区域联防进行分开拦截,马克和我去对付他们的主力。"即使汗流浃背、体力透支,欧阳明依旧努力保持冷静,有条不紊地指挥着团队攻防。

"是,队长!"

"对方被我们拦住了,趁现在进攻,使用A计划!李文掩护我。"

"是,队长!"

"糟糕,那是对方的假动作,我们中了他们的圈套,快回守!回守!"

"队长!来不及了。"队友说道。

口哨声响起,高二一班遗憾落败,失去了晋级机会。

看着对面一阵接一阵的欢呼喝彩,高二一班上下却是一片愁云惨淡。完成了"友谊第一,比赛第二"的握手闭幕礼后,队员们都愁眉不展。

"同学们,请打起精神来!"赛后班主任集合所有成员,希望能够缓和同学们的情绪。

"失败并不是最可怕的。"班主任语重心长地说道,"比失败更可怕的是不能从失败中总结经验,为下一次的成功做足准备。"

"接下来,我想请大家一起讨论关于这次比赛的看法。"

"我先来吧。"欧阳明率先站起来回答道,"首先,我必须向所有信任我的队友们道歉。对不起,我辜负了你们的信任。"欧阳明面向全班同学深鞠一躬。

"没错!你确实辜负了我们的信任!"李文打断班长的发言,大声说道。

"李文,你怎么能这么说话呢?是对方的假动作我们都没有识破才导致了失败。"马克朝着李文质问道,"我们都知道班长为我们班花费了多少精力,为了这次篮球赛取得胜利,他每天都在观察对方的攻防习惯,研究战术。而你们呢?训练结束后倒头就睡。"

"没关系,让我们听听李文的想法吧。"欧阳明说道。

马克的这番话勾起了李文心中的内疚,但他还是坚持说道:"班长对我们班的奉献是每个人都看在眼里的,我不是诋毁他的辛苦,只不过对于这次的篮球赛,我真的有很多难以接受的地方。比如,马克你这个受伤的家伙早该换下场了,但是班长却一直没有让人换下你。"

"这不是班长的错,是我一再恳求他,他才让我留下的。"马克颤抖着嘴唇道,"对不起,对不起,这次篮球赛的失败是我造成的,是我对不起大家。"

欧阳明上前拦住马克道:"不,是因为我感情用事才导致比赛失败,该道歉的是我,我作为队长必须担负起这个责任。"

"李文!看你干的好事!你非要让每个人都不开心吗?"啦啦队队长艾琳站出来指责道。

"不,艾琳,有些话早就该说出来了。"艾琳的双胞胎哥哥,另一位得分能手艾凌说道,"正如班主任说的,要把所有的问题都说出来才有解决的办法。"

艾凌缓缓说道:"我其实一直都不看好2-1-2防守战术,这个战术虽然方便我们互相配合和抢篮板,但篮下的防守太薄弱了,就像今天一样很轻易地被对方一击得胜。"

"'事后诸葛亮'算什么本事。"艾琳不屑地嘲讽道。

欧阳明阻拦道:"艾琳,你哥哥的话很有道理,是我之前没有考虑周全,我很想再多听听你哥哥的看法。"

欧阳明真心地注视着艾凌说道:"艾凌,真希望在下一次比赛前,你也能和

我多多商讨战术,这是我一直真心期盼的,毕竟个人的视野比较局限。"

在班长的鼓励下,队友们开始你一言我一语地分析着此次比赛的得失,就连啦啦队和场下观看的同学也慢慢加入了谈话,补充着队员们忽视的细节,甚至根据对方每个队员的特点制订了具体的战术。

在之后的一场班级友谊赛中,这次商讨出的战术得到了有效的运用,队伍中攻防难题也克服了,高二一班一举拿下了这场球赛的冠军,同学们脸上都绽放出了明媚的笑容。

在争论的过程中,欧阳明同学鼓励每个人说出自己的意见看法,被指出错误的人并没有恼羞成怒,反而诚心地道歉并且认真接受改正建议。通过一番争辩,高二一班的团结并没有被打破,集体凝聚力反而越来越强。青少年应当正视争论,学会在争论中求同存异,构建更加和谐的人际关系。

★ **情商拓展训练课**

如何更好与他人进行交流

1.善于选择谈话时机。 我们在选择谈话时机时应该注意，要选择双方都有空闲，情绪稳定的时刻，否则可能会让情况更加糟糕，无法达到我们与他人交流的目的。

2.善用礼貌用语。 礼貌用语可以表达我们对他人的尊重，这也是人们对有礼貌的人总是抱有好感的原因。善用礼貌用语，可以促进双方展开友好谈话。

3.谨记谈话目的。 我们在谈话时，应该围绕自身想要与他人交流的方向展开，若过多谈论一些与谈话目的无关的事情，只会失去交谈的意义。

4.让对方感受到我们的尊重。 谈话时要保持认真的态度，遇到对方倾诉心声时，应以体谅的心情回应。"我理解你，换作是我，我也会……"让对方感觉到我们对他的尊重和理解，形成一种信任的氛围，从而让谈话收获好的结果。

★ 第四模块 感知他人，学会倾听

学会理解他人情绪

与人交往是一种艺术，更是一种技术。如果一个人一味专注于自己的感受，而忽视他人的情绪变化，这个人就无法真正做到感知他人，也就自然无法与他人建立稳固的亲密关系。因此青少年在社交活动中要注意观察并理解他人的情绪变化，以此做出适宜的反应。只有这样，青少年才能收获真正的友谊，在各类交际活动中表现得游刃有余。

韦恩新到了一家公司任职，一开始，由于各方面都不熟悉，工作进行得很不顺利。后来，韦恩认识了在这里已经工作了十年的老汤姆，韦恩虚心向他请教，汤姆也非常热情，将自己的经验毫无保留地告诉了韦恩。

由于有了老汤姆的帮助，韦恩的工作效率开始突飞猛进。韦恩与汤姆成了好朋友，两人无话不谈，虽然老汤姆比韦恩年龄大了不少，但这并没有成为两人交流的障碍。

这一天，公司老板找了韦恩，打算让他升职做副主管。这让韦恩高兴极了，他兴高采烈地去找汤姆，想要第一时间将这个消息告诉他的这个好朋友。

韦恩兴奋地说："嘿，老伙计，我要升职了，我要做副主管了！"

老汤姆露出僵硬的笑容说道："是吗？那恭喜你了。"

"是啊，我的努力总算没有白费！"韦恩仍然兴奋地说着，并没有注意到汤姆脸上的尴尬，"为了庆祝这件事，下班以后我请客，咱们一起去喝两杯，你可千万不要推辞啊。"

汤姆犹豫了一下，然后平静地说道："真是恭喜你了，你的努力总算没有白费。不过请客我就不去了，我家里有点事，下班我着急回家，改天吧。"

这让韦恩很是意外，平日里汤姆没少与他一起痛饮，更何况今天是如此重要的日子，难道，是因为他嫉妒自己升职？汤姆来这家公司已经十年了，虽然他学历没有自己高，学东西没有自己快，但各方面做得也还不错，而他却始终没有得到老板的重视。想到这儿，韦恩有些气愤。

"又不是我抢了你的升职机会，你至于这样吗？真没想到你是这样的人。"说完韦恩就甩手离开了。

往后的日子，汤姆总是试图找韦恩解释这件事情，但韦恩始终耿耿于怀，渐渐汤姆对韦恩也有些冷淡了。于是两个人便越来越生疏，仿佛对方在自己生命中已经从一个挚友变成了一个可有可无的角色。

有一天，韦恩在跟其他同事共进午餐时得知了汤姆的母亲前段时间重病住院的消息。同事的话让韦恩不知所措，他这才想起那段时间汤姆总是皱着眉头默默地想着什么事情，原本开朗爱笑的他也总是一脸愁容。韦恩这才意识到是自己忽视了汤姆的情绪变化，也正是自己造成了两人现在的局面。

当天下班之后，韦恩买了一大束鲜花和一些营养品，找到了汤姆。

"汤姆，真是对不起，都是我不好，一味沉浸于自己升职的喜悦中，却忽视了你的情绪变化，给我们的友情造成了不可估量的伤害。即便你不能原谅我，我也希望你能够允许我去看望一下你的母亲，以稍稍弥补我那日的过失。"韦恩低着头，内心十分羞愧。

汤姆看了看韦恩，走上前去拍了拍他的背，开心地说道："我母亲的病已经好多了，不过你能去看她的话，她一定非常高兴。不过我还是不能原谅你，除非你把庆祝自己升职的那顿大餐给我补回来。"

经过这件事，两人又渐渐熟络，恢复了之前挚友的关系。

其实，造成两人关系破裂的根本原因，并非是韦恩的升职对汤姆造成了打击，而是在汤姆因为母亲病重而担忧，以及为了解释而焦急的时候，韦恩都没能够及时注意到他的情绪，从而让汤姆对这个朋友感到失望。人的情绪是很复杂的，只有仔细观察，理解他人情绪，我们才能发现他人的实际需求，从而做出正确反应，才能够在各类社交活动中受人欢迎。

★ 情商拓展训练课

怎样去理解他人

1.倾听并理解他人。在遇到麻烦后,向亲近之人倾诉心声是我们的常规选择之一。在倾听过程中,我们应当学会思索他人对于所说事情的态度,首先安慰,平复他的心情,然后告诉他你的想法观点,并将你认为可行的方案摆出与他一起讨论。

2.陪伴关心。面对不愿意倾诉自己的人,一直追问反而会加重他的负面情绪。这时我们要学会去关心他,陪在他身边。陪伴虽然无声,却能让人感受到温暖。你的陪伴和关心可以让他人感受到,你能够理解他的感受,理解他的选择。

3.观察细节。在日常生活中细心留意他人的情绪变化,对比事件发生前后他人的变化,从这些细节慢慢地去感知他人,理解他人。

★ 第四模块 感知他人,学会倾听

以貌取人不可取

根据外貌来判别一个人的品质和才能,这容易使我们在人际交往中产生错误的判断。因为一个人的外貌而对其怀有偏见,将其与负面事件相联系,这种判断往往带着一定主观臆想。在人际交往中,青少年要透过外貌看本质,才能真正感知到他人的内心,彼此成为真心朋友。

九年级二班的艾尔克是一名受人喜欢的少年,他无论对待谁都是一脸和气,礼貌周到。大家在羡慕他的好人缘的同时,又不免有些疑惑,用得着对每个人都那么好吗?

艾尔克解释道:"大家都是我的同学,我当然要认真对待每一个人。"

班上还有一名叫沙比利的学生,他恰恰与艾尔克相反,几乎被所有同学厌恶着,尽管他不曾与任何人发生过争吵,但他红肿肮脏的大鼻子就足以成为他人厌恶他的理由。

沙比利家境贫困，他的爸爸和妈妈都是炼油厂的工人，每天起早贪黑工作，生活十分拮据。沙比利一年到头都穿着同一件黑乎乎的衣服。所以大家一见到沙比利就远远躲开，没有一个人愿意跟他做同桌。

上学路上，几个学生看到了后方的沙比利，边跑边说道："快走，沙比利来了，一会儿他身上的味道又该散发出来了。"

"快走快走！"鲍威尔说着急忙加快了脚步。

"我已经闻到了。"戈登夸张地捂住胸口说道，"真不懂他自己怎么受得了这种味道。"

"快走吧，等沙比利靠近了之后臭味就更浓了。"奥利弗踢了踢戈登说道，"难道你想在这里等他吗？"

一听这话，戈登立马追了上去。

艾尔克在一旁看得直摇头，他停下脚步，转身朝着沙比利微笑说道："我们一起走吧。"

沙比利仿佛没有听见一样，继续低着头走自己的路。

"他们不是故意的。"艾尔克局促地说，"他们只是比较喜欢开玩笑。"

见沙比利没有说话，艾尔克又小声地建议说："街口的公共浴室周五半价优惠，我们一起去洗澡吧？"

沙比利依旧没有理会艾尔克，自顾自地往前慢慢走着，艾尔克别无他法，只能跟着他慢慢往前走。

快走到教室门口的时候，奥利弗朝艾尔克喊道："艾尔克，快离那个邋遢鬼远一点。"

戈登也从门里探出个头说道："是啊，艾尔克别跟他玩了，他还是一个小偷呢，我们都不喜欢他。"

第四模块 感知他人，学会倾听

"小偷？"艾尔克震惊地说道，"你们怎么能这样说自己的同学？"

帕克站出来，托了托眼镜说道："是这样的，瑟琳娜的生活费丢了，大家都怀疑是这个穷小子偷的。"

"你也说了，是怀疑。这并不能代表沙比利就是小偷。"艾尔克严肃地说道，"而且你们凭什么怀疑沙比利？"

鲍威尔不满地说道："瑟琳娜都快哭了，艾尔克你还要袒护这个小偷吗？"

艾尔克望了望瑟琳娜挂满泪珠的脸蛋，觉得有些为难，但是他心中的想法依然坚定着："凡事都必须讲究证据，你们没有理由随意怀疑别人。"

戈登愤怒地说道："全班只有他家最穷，偷别人的钱不是理所当然的吗？"

奥利弗也说道："这个邋遢鬼一定早就想给自己买身新衣服了，自己家没钱便想出偷东西的坏主意。"

"没错，我也知道沙比利家并不富裕，但是这绝对不能成为你们以貌取人诬陷他偷东西的理由。"艾尔克转头看向沙比利说道，"沙比利，对于这件事，你有什么想说的吗？"

沙比利没有为自己辩解，他默默地走到瑟琳娜面前，不顾瑟琳娜捂住鼻子向后退缩的脚步，在她耳边悄悄说了句："周六，百货大楼。"除了两人，其他人都没有听见。

说完这句话，沙比利一个人默默地走到自己的座位上坐下，为下一节课作准备，瑟琳娜脸上却浮现出尴尬的神情。

"那个邋遢鬼对你说什么了？"周围的朋友关心地问道，"是不是威胁你了？不用害怕，说出来，我们帮你教训他。"

瑟琳娜紧紧握住双拳，朝着大家深深鞠躬道："对不起，亲爱的同学们，我欺骗了你们。"

在大家不解的目光中，瑟琳娜勇敢地说出了真相："我上周六用所有的生活费买了最新款的文具套装，因为害怕妈妈责怪，只能撒谎说生活费丢了。"

瑟琳娜转而朝着沙比利真诚地说道："对不起，我让大家误会了你，你能原谅我吗？"

沙比利沉默了一会儿，有些不好意思地说道："没关系。"

瑟琳娜终于破涕而笑，感动地连声道谢，并在自己新买的文具套装中取出一支崭新的钢笔送给了沙比利。

"收下吧，别让瑟琳娜难堪。"艾尔克劝说道。

沙比利默默将钢笔收下，望着艾尔克说道："我虽然只有这一件外套，但是我每天晚上都会把它擦拭干净，我也希望成为你们的朋友。如果你愿意的话，我很希望跟你一起去公共浴室洗澡，我的朋友。"

经过这次事情之后，那些曾经误会沙比利的同学也都为自己以貌取人的举动感到羞耻，并且从心底重新接纳了沙比利，学会抛弃外表看本质，发现他身上隐藏的优点。没过几天，沙比利就收获了许多的朋友。

在这个故事中，当其他学生都因为沙比利穷酸的外表而诬陷其为小偷时，只有艾尔克不以貌取人，坚持依据证据讲道理。当真相大白时，沙比利大度地原谅了误会他的同学，让大家发现了他难看外表下的善良内心，而艾尔克也因此获得了沙比利的友谊。由此可见，以貌取人不可取。青少年应当学习故事中的艾尔克，做一个不会被表象蒙蔽双眼的人，学会去感知他人的心灵，毕竟心灵美才是真的美。

★ 情商拓展训练课

如何不以貌取人

生活中经常有人存在以貌取人的想法，我们要记住，外貌只是一个人的一部分，它不能代表一个人，以貌取人是错误的。那么如何做到不以貌取人呢？

1.以平和心态对待他人的外在。我们应当以平和的心态面对他人的外在，判断一个人是否优秀的依据永远是他是否拥有善良真诚的内心，而不是肤浅地根据外表去判断。

2.以平等的态度对待每一个人。人与人之间是平等的，所以我们不应当戴着有色眼镜去看待他人，学着用平等的态度对待每一个人，不因为外貌而区别对待，并带动身边的人，一起塑造和谐的相处氛围。

3.善于发现他人身上的优点。每个人都有与众不同之处，我们不要以偏概全，因为外貌就给他人下定论。学会去寻找他人身上的优点，用发现美的眼睛去发现他人的内在美。

★ 第五模块

优化交际，宽容处世

学会承担责任是成长的开始

维克多·弗兰克曾经说过:"'能够负责'是人类存在最重要的本质。"学会承担责任,既是青少年成长过程中的一个关键步骤,又是人生旅途中非常重要的一课。生活中,每个人都不可避免地会出现各种问题,这时,我们首先要从观念上认识到自己的问题,承认问题的存在,为自己的过失承担责任。只有这样,我们才能提升自己的素质和能力,成为更好的人。

春秋战国时期,有一个叫李离的人,他是晋国的狱官,负责审理各种案件。

有一次,一个人被抓入狱,在审理这个案件时,因为听信了下属的一面之词,李离判了这个人死刑,这个人很快被斩首了。

但是,过了一段时间,这个案子真相大白,已经被杀掉的那个人是冤枉的。李离非常后悔,于是就把自己关押起来,并且判了自己死刑。

晋文公听说了这件事情,赶过来阻止,还安慰他说道:"案子判错了,但是那是因为下属的原因造成的，和你并没有关系，你不必判自己死刑。"

李离听后摇了摇头："我是这里职位最高的官，并没有把这个位置让给下面的人；我拿了这里最高的俸禄，也没有把俸禄分给下面的人。现在我错误地听从了下级汇报而判了无辜的人死罪，怎么能把责任推到下属身上呢？"

晋文公听了之后很不高兴，质问他说："如果按照你的说法，我是这个国家的国君，假如你有罪的话，难道我也有罪吗？"

李离说："不，您是国君，负责的是治理天下，我是狱官，负责的是断案。按照法纪的规定，狱官错误地判了案子，自己就应该承受同样的刑罚。现在我错误地判人死罪，就应该也判自己死罪。您任命我做狱官，是因为我明察秋毫和断案公正，现在我犯了错，应该以死谢罪。"说完，李离直接拿剑自杀了。

敢于承担责任是一种态度，从古至今，敢于承担责任的人都值得尊敬。

有一个普通中学生，他叫陈奕帆。2017年2月5日，他骑着电动三轮车不小心撞坏了停靠在路边的一辆宝马轿车的倒车镜。事故发生时正是夜晚，周围没有一个人。但是陈奕帆并没有选择直接逃走，而是回到住处拿来了打扫的工具，把地上的碎玻璃打扫干净，然后在车把手上塞了一封信和311元钱。

第二天车主发现车被撞坏了，第一时间报了警，警察到来之后，发现了那封信，信里写着："叔叔您好：我昨天骑车不小心把你的倒车镜撞坏了，很不好意思。我心里也很难受，我是个学生，寒假在城里打工，我给你留了钱作为补偿，我知道这不够，但我已经没有钱了，非常对不起。"

看到这封信，车主被感动了，这样勇于为自己的过失承担责任的孩子让他觉得很难得。所以，他不仅没有接受陈奕帆留下的补偿，反而通过各种渠道千辛万苦找到了陈奕帆，提出想要资助他读书的想法，但是被陈奕帆拒绝了。

他告诉车主，父母从小就教育自己要做一个有担当的人，当时留下纸条和钱

是自己应该做的,而且自己还记下了车主留在车上的电话号码,希望有一天自己赚够了钱,可以赔偿车主的损失。

前一个故事中的李离在面对误判案件时,毅然地站出来承担自己的责任,给了因自己错判而枉死的人一个交代。他认为自己因轻信他人而犯错,导致无辜的人受刑枉死,那么自己就应该承受同样的刑罚。李离用生命来承担责任的举动让我们对他心生敬畏。后面一个故事中的陈奕帆在无人的事故现场,没有选择逃跑,而是勇于承担责任,写信请求车主让自己进行赔偿并致以歉意,这是一种难能可贵的品质。人生在世,勇于承担责任的品质对于每一个人来说都是必不可少的!身负责任前行,当你迈出第一步后就会发现,你已经成长了,每一步都能走得底气十足,可以更加勇敢地去面对未来的风雨!

青少年怎样养成遇事想办法的习惯

汪国真有一首诗,叫《山高路远》,里面有这样一句话:"没有比脚更长的路，没有比人更高的山。"人生漫漫，每个人都是浩瀚宇宙中的一个小分子，可即使是这样的小分子，有时候也能释放出巨大的能量。攻坚克难不是只有英雄才能做到，自立自强的青少年也一样可以直面生活的挑战，做一个遇事积极想办法的勇士。

1.想要做到遇事想办法，首先要克服依赖心理。在成长的过程中，家庭和学校是温暖的摇篮，但是没有人能永远生活在摇篮里，总有一天要独自面对生活的风雨。在此之前，青少年要逐渐摆脱对父母和老师的依赖心理，树立自立自强的意识，遇到生活中的难题，先学会自己找寻解决之道，而不是第一时间向父母和老师求救。

2.想要做到遇事想办法，还要学会战胜自我。人的潜力是需要挖掘的，有时候事情也许很难，看不到希望，但请不要轻易放弃，要学会战胜自我的惰性，纠正怕苦怕难的缺点，从小事上改掉坏毛病，让自己成为一个敢于迎难而上的人。

3.想要做到遇事想办法，要学会坚持主见。生活中，当你想做一件事情时，经常会有外界的声音告诉你："你做不到的，不要再浪费时间了，不如就这样吧。"如果你被这样的声音蛊惑，不再斗争，那么就失去了战胜困难的可能。因此，青少年要坚定自己的想法，懂得取舍别人的意见，关键时刻，自己永远比别人更加可靠。

永远不要轻视任何人

孔子曰:"三人行,必有我师焉。"这句话讲的是要看到别人的长处,并且学习别人的长处。在生活中,我们更应该谦虚谨慎,不要轻视任何人。如果每个人都能看见别人的长处,并互相学习、共同进步发展,那么不仅能凸显出大家的价值,世界也会更加精彩。

蒙迪是美国犹他州的一名中学生。他家境贫寒,但性格十分开朗活泼,同学们都很喜欢他。

有一次,老师比尔给大家布置了一份作业,让大家写一篇关于梦想的作文。

蒙迪对这次的作文主题非常感兴趣,一回到家,他就坐到桌子前,拿起笔唰唰地写起来了。花了大半个晚上的时间,蒙迪完成了一篇足足有七页的作文,十分详细地描述了自己的梦想:"我梦想自己将来拥有一个占地两百英亩的大牧场,里面有马,有跑道,还有种植园……"蒙迪把自己对牧场的规划写得十分详细，甚至还画了建筑设计图。

第二天，蒙迪十分兴奋地把自己的作文交给比尔老师。然而等作文被批改回来的时候，蒙迪发现自己拿到的是最差的成绩——F，他又震惊又难过。为什么自己认真写的作文，却只拿到了最差的成绩呢？蒙迪想不明白，便去找比尔老师询问原因。

比尔老师非常直接地回答他说："蒙迪，你的作文写得很认真，我认可这一点。但是你的梦想太不切实际了。你想想，你的父亲只是一个养马的工人，你们家连自己的房子都没有，但你梦想自己将来拥有一个超级大牧场？你太天真了。你知道要拥有一个大牧场需要多少钱吗？你确定将来真能实现你的梦想吗？"

蒙迪被比尔老师的话泼了一盆冷水。他抿着嘴唇，没有回答。

比尔老师摇摇头，看着蒙迪，最后说道："如果你愿意重新写一篇作文，写一个实际一点的梦想，我可以考虑重新给你评分。"

蒙迪闷闷不乐地带着被评了低分的作文本回到了家。这个时候，蒙迪的父亲正好在清理马厩，蒙迪走到父亲跟前，把作文得了低分的事告诉父亲。

蒙迪父亲叹了一口气，对蒙迪说道："孩子，你可以自己好好想一想。不过，你一定要想清楚了，因为梦想对你来说很重要。"

蒙迪回到了自己的房间里。他透过房间的窗户，看着外面的风景。父亲是牧场养马的工人，所以他们一家人才能免费住在牧场的房子里。每一天，父母都要辛勤劳动、赚钱养家。蒙迪希望如果有一天自己拥有了大牧场，就有能力让父亲和母亲享福，不再那么劳累。

考虑了整整一个晚上，蒙迪决定坚持自己的梦想，哪怕老师给他的成绩是最差的"F"。

第二天，当比尔老师知道蒙迪的决定后，摇摇头离开了。蒙迪把那个打了

"F"的作文本紧紧地攥在了手里。

很多年过去了,蒙迪仍然保留着那个作文本。那篇被老师打了低分的作文也一直激励着他不断地努力。直到有一天,蒙迪终于通过自己的努力,实现了他的梦想。

让人意想不到的是,在蒙迪拥有的占地两百多英亩的牧场上,他与带着一批小学生来参观旅游的比尔老师相遇了。

当比尔老师知道曾经被他轻视的蒙迪,竟然真的拥有了一座大牧场,他的神色显得十分尴尬。他懊悔不已地跟蒙迪道了歉,说自己不该在那时轻视一个孩子的梦想。哪怕那个梦想看上去不可思议,他也不应该扼杀孩子的愿景,扼杀孩子对美好未来的向往。

文中的比尔老师看不起家境贫困的蒙迪,认为他好高骛远,这位老师的想法是狭隘的——身为老师,更应该尊重每个学生,去挖掘学生身上的闪光点,不应该因他们一时的困窘而轻视他们,也许在不久的将来,他们会有让人惊讶的成绩。每个人都不是完美的,但每个人总会有自己的闪光点和特长。学会尊重他人,挖掘他人身上的闪光点,做一个真正有内涵、高情商的人!

★ 情商拓展训练课

学会挖掘他人优点

1. 用心观察身边的人。对于身边的每一个人，只要用心认真去观察，就可以从他们日常生活中的小细节发现他们的优秀之处。在日常生活中，多与他人进行交流，了解他人的个性特点，了解他人为人处事的态度，从这些细节中，我们就会知道对方的闪光点和长处，改变我们对他人不正确的认知，避免自己错误的主观印象。

2. 多角度、全方位地看待他人。在我们不了解事情的全部因果的时候，不要对某个人轻易地下判断，而是要学会多角度地看待他人，了解其行为背后的动机。例如，某人看似做事效率不高，其实他是一个精益求精的人；某些人看似不善言辞，其实他做事非常踏实勤奋……只有多角度、全方位地了解他人，试着从不同的角度去看待他人，我们才能更容易发现他人身上的闪光点。

3. 从他人的爱好出发。立足于他人本身，从他人的兴趣爱好出发，往往更容易发现他人的优点与长处。人们总是愿意在自己感兴趣的事情上投入更多的时间与精力，因此更容易在这些方面获得优异的表现。例如，一个热衷于阅读与写作的人，就相对可能拥有较好的文笔，这就是他的优点。试着从他人的爱好出发，我们更容易了解到他们的长处。

4. 鼓励他人发扬自身优点。我们不仅应该善于发掘他人的优点，还应该鼓励他人发扬自己的优点，以此激发他的潜能，让他不断完善自身，同时我们也可借鉴学习他人的优点，一同进步成长。

付出是相互的

　　天下没有免费的午餐，付出多少努力才可能会有多少回报，而人与人之间的关系也是如此。如果朋友之间只有其中一个人单方面付出，那么长此以往，付出的那个人心里多多少少会不平衡，并且质疑这段友谊是否值得自己投入，人际关系自然而然会出现间隙。但如果两人在交往中相互关心，相互照顾，那么两人在感受到彼此对这段关系的付出后，也会从内心对这段关系保持热情，并更加珍惜。所以相互的付出是维持关系的纽带。

　　春秋时期，有一个人叫左伯桃，他非常有学问，却一直没找到报效国家的机会。突然有一天，楚王发布了招纳贤才的命令，很多有才华的人都想去试一试，左伯桃虽然已经五十岁了，但也收拾了行李，踏上了前往楚国的道路。

　　一路上，左伯桃风餐露宿，十分辛苦。有一天，天空突然下起了大雪，寒风吹得人瑟瑟发抖，左伯桃穿着单薄的衣服走在路上，很快全身都湿了，却没有找到一个能躲避风雪的地方。

天色渐渐黑了,就在左伯桃以为自己要冻死在这里的时候,惊讶地发现前方的竹林里透出了一点亮光,他连忙走过去,果然有一座竹屋。左伯桃欣喜地叩开了竹屋的门,然后对竹屋的主人说:"我是西羌人,名字叫左伯桃,想去楚国,不料途中遇到了风雪,实在找不到住宿的地方,想向您借宿一夜。"

竹屋的主人听了之后,立刻把左伯桃迎了进去,并且热情地为他准备了酒菜,还燃起了火堆,方便左伯桃把衣服烤干。

左伯桃感激主人的帮助,饭后两个人聊起天来。原来,竹屋的主人名字叫羊角哀,今年四十多岁,从小喜欢读书,一个人独住在这里。交谈后,两个人互相都欣赏对方的人品和学问,于是结为了异姓兄弟。

接下来的几天里,风雪一直都没有停,在羊角哀的盛情挽留下,左伯桃一直住在他的家里,两个人谈天论地,越来越投机。于是左伯桃忍不住劝说羊角哀和他一起前往楚国,共同闯出一番事业。

等到风雪停下的时候,羊角哀听从了左伯桃的建议,收拾了家中的衣服和干粮,和左伯桃一起上路了。但是,往前走了一段路之后,风雪再次来袭,路上变得非常湿滑,两个人只能相互扶持着往前走,所以走得很慢。

因为之前两个人的家里都非常贫穷,所以身上穿的衣服并不多,干粮也渐渐地减少,可是前面的路还有很远。终于有一天,他们走到了一座大山里,又累又饿的左伯桃说:"与其两个人一起冻死在这里,不如我把衣服脱下来给你穿,你一个人前往楚国,等到做了官之后,再回来埋葬我。"

羊角哀说什么也不肯,但是左伯桃下定了决心,坚持脱下衣服,很快就被冻死了,于是羊角哀只好强忍着悲痛穿上了左伯桃让给他的衣服,带着剩下的干粮,长途跋涉来到了楚国,很快得到了楚王的重用。

但是，做了官的羊角哀始终没有忘记左伯桃这个朋友，于是向楚王说明了情况，回到了之前的那座山里，将左伯桃厚葬了。为了表达对左伯桃的哀思，他还在左伯桃的墓旁搭建了一座茅屋，住在那里怀念自己的朋友。

文中的左伯桃因为羊角哀的照顾而避免了被冻死的结局，两人也在相处过程中产生了深厚的友谊，等到风雪停下后，两人更是因为彼此共同的志向相互扶持、一同上路。最后左伯桃为了让羊角哀顺利走出大山，将衣服和干粮让给他，自己却被冻死了。设想，如果羊角哀在遇到左伯桃时没有想要付出，冷漠拒绝了左伯桃，那么他便会失去这个值得交往的挚友；而如果左伯桃在山中并不愿意牺牲自己成全羊角哀，那么两人都有可能冻死在大山中。真正的感情从来不是单方面的付出，而是两人互相付出，互相回报，你来我往才是真理。

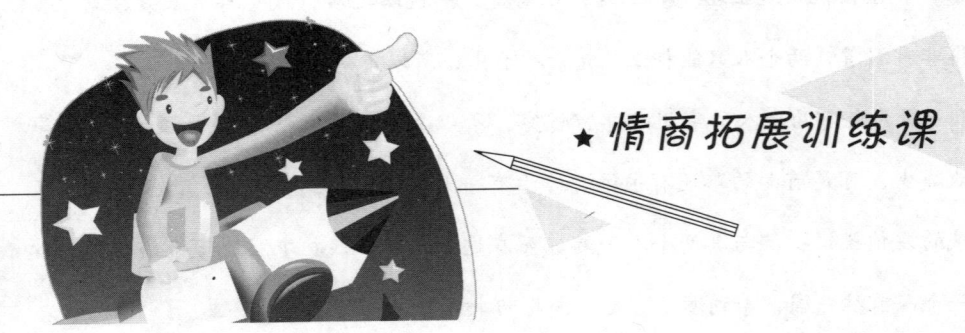

★ 情商拓展训练课

学会付出

付出不在于多少，而在于是否拥有一颗真诚为他人付出的心。青少年们只要能在日常生活中尽自己的努力向需要帮助的人伸出援手，学会为关爱自己的人付出就很棒了。那么，日常生活中有哪些我们可以关注的事呢？

1.从身边的人关注起。父母、朋友、同学还有擦肩而过的陌生人都是我们可以关注的对象。主动替劳累的妈妈承担一点家务，同学遇到困难大家一起鼓励他、帮助他渡过难关，路上遇到需要帮助的人，主动给予帮助。社会是一个大家庭，只要我们每个人都能从身边做起，社会就会变得更加美好、和谐。

2.做好自己。有人觉得给予别人东西才算是付出，其实不然，做好自己，保证不给别人添麻烦，也是一种付出。所以，青少年在生活中要养成不给别人添麻烦的习惯，做好自己。例如垃圾不乱丢，扔进垃圾箱；节约水资源，不浪费水；吃饭贯彻"光盘行动"，节约粮食。这些看似都是小事，但实际上既体现了一个人的教养，也表现出一个人的品格。

3.关注公益。如果做好了前面两点的青少年还觉得自己有余力帮助别人，也可以多参加一些公益性的活动。许多学校、社区会定期组织一些公益性的活动，这样既可以让大家献出爱心，又可以吸引更多的人来参与公益。例如看望敬老院老人的献爱心活动，为贫困山区的孩子捐赠书籍的活动，"为地球熄灯一小时"的环保活动等，大家可以挑自己感兴趣的活动积极参与。

帮助别人，为别人付出，不仅可以让别人感到快乐，自己也会因此收获别人的感动，从而建构更加温馨和谐的人际关系。因此，做好自己，学会付出，多关注生活，关注身边人，关注公益，你会发现，生命因此而美好。

理解是最好的关系催化剂

理解是沟通的桥梁,但是生活中我们在人际沟通中总是存在各式各样的问题。有时自己明明怀着好意,却总是让别人反感,而造成这种结果的重要原因之一就是对他人缺乏理解。我们总会有意无意地带着自我中心主义,以自己的态度、心境、价值观、知识经验去看他人、看世界。如果不能学着去理解他人、尊重他人,青少年就很难提高人际关系的质量。

中国历史上有一个很有名的成语,叫"管鲍之交",用来形容交情深厚的朋友,这个成语说的就是管仲和鲍叔牙的故事。

管仲和鲍叔牙都是春秋时期的齐国人,他们从小一起长大,几乎形影不离,但是,两个人的家境相差很多,管仲的父亲早亡,家里只有一个母亲,而鲍叔牙的家里非常富裕,所以他经常想办法接济管仲。

后来,两个人长大了,看到管仲生活得那么辛苦,鲍叔牙就提议两个人合伙做生意，管仲答应了，但等到出本钱的时候，管仲没有钱，于是鲍叔牙一个人把所有的钱出了。过了几个月，生意赚钱了，两个人分钱的时候，管仲拿走的收益比鲍叔牙的还多。这下鲍叔牙的仆人们不高兴了，他们聚在一起偷偷议论："管仲太过分了！明明一点本钱都没有出，结果最后拿的钱比我们主人都多，我们主人真糊涂啊！"

这些话刚好被鲍叔牙听到，但是他没有生气，而是语重心长地对仆人们说："你们不要这样说，管仲并不是贪财，而是因为他家里穷，又有母亲需要奉养，所以多拿一些是应该的。"

得知了这件事情的管仲感动地说："生我的人是父母，可最了解我的人是鲍叔牙啊！"

但是，再好的朋友也有选择不同的时候。当时的齐国因为之前的动乱而引发了王位的争夺，管仲选择了辅助公子纠，而鲍叔牙则选择了效忠公子小白。两个好朋友因为立场不同再也不能并肩作战，甚至有一次，在公子纠和公子小白的争斗中，管仲还射了公子小白一箭，这让公子小白恼怒不已。

后来，公子小白战胜了公子纠，登上了齐国的王位，成为历史上有名的齐桓公。为了报答之前鲍叔牙的辅助，齐桓公决定任命鲍叔牙为宰相，没想到鲍叔牙却毫不犹豫地拒绝了，同时还向齐桓公推荐管仲来做宰相。

齐桓公觉得很奇怪，于是就问鲍叔牙："为什么要选管仲呢？他之前还帮助公子纠对付过我，如果他现在就站在我面前，我恨不得杀了他，怎么会让他做宰相呢？"

"不是这样的！"鲍叔牙摇摇头，"之前管仲因为是公子纠的下属，所以才和您为敌，但是现在公子纠已经死了，您才是齐国的君主，而管仲是最适合做宰相的人选，您不应该为了之前的事情影响了现在的判断。"

齐桓公听了鲍叔牙的话后，决定给管仲一个机会，没想到管仲上任后果然展现了非常杰出的才能，齐桓公在他的辅佐下成了春秋时期的霸主，而管仲和鲍叔牙的故事也一直流传下来。

故事中，在别人都指责管仲贪财时，只有鲍叔牙理解他是因为放心不下家中的亲人才会如此；也是他在齐桓公质疑管仲时，站出来为管仲解释。鲍叔牙不仅理解管仲的行为，更是设身处地站在管仲的角度看问题，管仲也把鲍叔牙当成是比父母还要了解自己的挚友。因此鲍叔牙与管仲的友谊故事流传至今，被无数后人称颂。若是人们能相互理解，建立良好的人际关系就不是一件难事了。

★ 情商拓展训练课

学会情感换位

情感换位,即指尝试用他人的思维方式、从他人的角度去考虑问题,最大限度地减少主观性。这样不仅能理解他人,也能使自己更大程度体谅对方,正所谓"理解万岁"。实施情感换位的方法有以下几条:

1.以深入了解为先。理解他人的先决条件是去了解他人,包括他的家庭背景、性格爱好以及行为习惯。只有当你深入了解他人后,才会在遇到事情时更容易站在他的立场上考虑问题,也就能做到真正的"设身处地"了。

2.考虑对方所处情境。想通过一次性的认知就完全理解一个人,这是不切实际的奢望。即便是同一个人在不同情境下也会有不同的想法,从而做出不同的选择。例如,我们在身体疲倦困顿状态下和在精力充沛状态下学习,便会产生不同的想法,从而做出是继续学习或者是休息调整后再学习的不同选择。因此实施情感换位的时候要考虑对方所处的情境。

3.客观面对。理解他人并不是一味顺从、迁就他人,情感换位也不是无条件地被他人的想法以及情感、观点等左右。我们应该不为偏见所左右,尽量避免主观思维的影响,做到理智客观地看待他人。只有这样,才能提升自己人际交往的能力。

第五模块 优化交际,宽容处世

保持同理心是良性沟通的前提

　　托尔斯泰曾经说过:"我们平等地相爱,因为我们互相理解,互相尊重。"良好的人际关系往往得益于有效的沟通,而有效的沟通则常常来自彼此的同理心。人与人之间关系的拉近很大程度上是因为有情感的共鸣,哀我所哀,乐我所乐。在我们的学习、工作和生活中,我们不能奢望自己与所有人都建立一种"知己"的关系,但我们仍应推己及人地去理解他人的感受,让对方从与你的沟通中获得一种安全感、舒适感。同理心既是一个人修养的象征,同时也是一个人情商的重要体现。

　　在很多人的心中,马克思和恩格斯是一对志同道合的知己,他们之间拥有着极其坚定的友情,留下了很多令世人羡慕的佳话,但是很少有人知道,其实他们之间也有因为一时的疏忽而为其友情带来考验的时刻。

　　1863年,恩格斯的妻子玛丽·白恩士突然因为心脏病去世了,恩格斯悲痛万分,他先是通过报纸发了一封简短的讣告:"我现在通知我在德国的朋友们,昨天夜里,死神从我这里夺走了我的妻子玛丽·白恩士。"讣告发出后,恩格斯的许多朋友都闻讯赶来慰问他,然后他又给自己远在英国的最好的朋友马克思写了一封信,信中他说:"我亲爱的朋友,我无法向你说出我现在的心情,这个可怜的姑娘是以她的整个心灵爱着我的……"

这封信很快送到了马克思家中,但很不巧,收到这封信的时候,马克思正为了生活忙得焦头烂额。当时他正面临着房东催交房租,还有一家人晚餐没有着落的窘境,所以尽管他为玛丽·白恩士的去世感到很难过,但还是忍不住在给恩格斯的回信中抱怨自己的生活:"肉商和面包商已经不再愿意赊账给我,一家人没有果腹的食物,房租和孩子们的学费要交了,但是我们连上街穿的衣服和鞋子都没有……"

当收到这封只有简短的慰问,其他所有的内容都是在抱怨和求助的信时,对马克思一向慷慨的恩格斯生气了。他无法理解,在这样一个特殊的时刻,他最好的朋友竟然完全不顾及他的心情,只想着自己的困境。于是,自从两个人成为朋友以来,恩格斯第一次没有立即给马克思回信,他只是把信放在一边,然后开始处理妻子的后事。

一周后,当一切处理完毕,最难过的时候过去,恩格斯再次拿出了马克思的那封信,然后提笔给马克思写了回信,在信中,他对马克思之前的行为表示了失望和谴责,并且对两个人的友谊提出了质疑。

但事实上,马克思在寄出那封诉说困境的信后就已经后悔了,他清楚地认识到了自己的错误,所以在看到恩格斯的回信时,他并没有马上为自己辩解,因为他知道,此时说任何话都不起作用,他必须先反省自己之前的行为。

这一次反省,对两个人一生的友谊都至关重要。十天后,当马克思觉得两个人都足够冷静的时候，他拿出纸笔，写了一封非常诚挚的道歉信，在信中，他不仅再次表达了对玛丽·白恩士去世的哀痛心情，同时也对自己的错误作了深刻的反省，最后请求恩格斯原谅他这次的行为。

身为好朋友，恩格斯在看到信后很快原谅了他，并认真反思了自己因丧妻之痛而忽视生活陷入困境的马克思的错误。他在回信中说："对于你的坦率，我表示感谢。同时我为自己未能理解你的困境，没能在你最需要帮助的时候伸出援手而感到抱歉。但最令人高兴的是，我没有在失去玛丽的同时再失去自己最老的和最好的朋友。"信件寄出前，恩格斯将一张100英镑的期票放进了信封，他始终没有忘记朋友的困境。

这场风波就这样过去了，而经过这次考验，马克思和恩格斯之间的感情更加深厚。

马克思与恩格斯本就有着深厚的友谊，但依然会发生友情危机。好在马克思及时意识到自己在玛丽逝世一事上缺乏对恩格斯心情的理解，并且通过反思，真诚地致歉并改正了自己的错误。同时恩格斯也设身处地地理解马克思的生活困境，共同维护了两人弥足珍贵的友谊。

★ 情商拓展训练课

保持同理心的四大原则

同理心，简而言之就是深入地理解他人、将心比心，是人际交往中相对成熟的一种高阶状态。要做到保持同理心并不容易，那么青少年如何让自己在拥有同理心呢？

1.人同此心。每个人都渴望被他人尊重，被他人温柔以待，这种渴求是普遍存在的。因此我们要明白，你尊重理解他人，他人才能尊重理解你。

2.山不过来，我就过去。我们不能保证自己的想法被每一个人理解，也不能保证自己的情感需求被他人完全地满足，在这种情况下，一味地要求他人往往是在做无用功。我们能做的便是不断修正自己，不断完善自己，以主动积极的姿态去换取他人的理解与尊重。

3.以人为镜。在衡量自己时，人总是因自己的现状而偏向消极或积极的评价。无论是哪一种趋向，对于自我的评价都多多少少失之偏颇。以他人眼中的自己来作为补充考量是一种十分有效的评估方式。

4.真挚是最好的敲门砖。交友贵诚，处世贵真。真挚的态度能够帮助我们在各种社交活动中获取他人的信任，从而使得他人对我们敞开心扉，创造彼此理解、彼此信任的沟通环境。

低姿态的高贵

英国作家威廉·布莱克在作品《一棵毒树》中写道:"我对朋友生怨,倾诉之间,怒气消散;我对敌人生怨,闷在胸间,任其蔓延。"在人际交往中,直面彼此间的矛盾,敢于倾诉心中的想法,是建立良好关系的重要一步。真朋友之间需要有握手言和的勇气,心怀芥蒂时不要任由愤懑在心中蔓延,尝试着放低姿态去与对方沟通,才能够有效地解决问题。低姿态亦是一种高贵。

托尔斯泰和屠格涅夫是19世纪俄国两位非常伟大的作家,同时,他们还是一对好朋友。

1861年的一天,托尔斯泰和屠格涅夫相约到一位朋友的庄园里做客,在大家一起闲聊的时候,因为一个小问题发生了分歧,两人大吵一架,不欢而散。

离开后,托尔斯泰越想越生气,于是就写了一封信给屠格涅夫,要求他为吵架时说的那些过分的话道歉,否则就要决斗。屠格涅夫在接到信之前其实已经后悔了，他很快写了一封道歉信，让家里的仆人给托尔斯泰送去。

但遗憾的是，托尔斯泰并不在家，所以仆人只好又拿着道歉信回来，屠格涅夫一看就急了，立即又写了一封新的道歉信，准备给托尔斯泰送去。就在这个时候，一直没等到道歉信的托尔斯泰一怒之下，送来了真正的决斗信，要求屠格涅夫和他决一死战。

按照当时俄国人的习惯，别人提出决斗是一定要接受的，所以即使屠格涅夫想向托尔斯泰解释之前的事情，但是在托尔斯泰的愤怒下，只能先接受决斗。

两个人决斗的事情很快在朋友间传遍了，大家纷纷赶来劝说，最后托尔斯泰虽然同意取消这次决斗，但从此之后和屠格涅夫彻底决裂了，并且整整持续了十七年。

最初，两个人都非常痛恨对方，甚至不愿意听到对方的名字，如果有人想要劝说他们和解，他们不惜和劝说的人也决裂，时间长了，再也没有人敢在他们面前提到对方。但是，愤怒和冲动过后，托尔斯泰和屠格涅夫都渐渐平静下来，他们原本就是非常要好的朋友，互相欣赏对方的才华，所以即使决裂也没有影响他们对彼此作品的关注，他们就这样默默关心着彼此。

时间很快到了1875年，屠格涅夫觉得应该让法国人也读到托尔斯泰的作品，于是决定组织人将托尔斯泰的作品翻译成法文，并且，他还希望能亲自翻译《哥萨克》，于是，辗转托人征求托尔斯泰的同意。

征得同意后，屠格涅夫翻译的作品很快被刊登在法国的杂志上，托尔斯泰的名气一下子传到了法国。1878年，托尔斯泰五十岁了，他开始回顾自己过去的经历，想到自己年轻时，竟然因为一次小小的纷争而对屠格涅夫冷遇十七年之久，感到非常抱歉，于是，深思熟虑后，他提笔给屠格涅夫写了一封和解信，希望能恢复两人的友谊。

当读到这封信时,屠格涅夫哭了,他连一秒钟都没有耽搁,飞快给托尔斯泰写了回信,迫不及待地答应了托尔斯泰的和解请求,还紧急安排好自己的事情,在最短的时间内回到俄国,并且第一时间去看望了托尔斯泰,两个分离了十七年的朋友终于握手言和。在之后的岁月里,他们共同为俄国文学的发展作出了不可磨灭的贡献。

托尔斯泰与屠格涅夫的争执仅仅始于一次小分歧,却因道歉信的波折造成误会,最终给一段深厚的友谊带来了长达十七年之久的决裂。托尔斯泰因屠格涅夫吵架时所说的"过分的话"以及错过的道歉信而迟迟不肯原谅屠格涅夫,愤懑之意郁结于心,最终与之决裂;十七年之后,他回顾过去,为从前的冲动感到抱歉,递上和解信后,两人才化干戈为玉帛。假使托尔斯泰一开始便控制住自己的愤怒,放低自身姿态与屠格涅夫进行积极的沟通或是多给予屠格涅夫一些冷静思考的时间,便能够及时了解到屠格涅夫的悔意,尽早握手言和。

★ 情商拓展训练课

低姿态的处世哲学

"低姿态"指的就是我们在人际交往中所表现出的温和、谦逊、自制等情态。正所谓"高姿态做事，低姿态做人"，低姿态是一种待人接物的艺术，值得青少年不断学习。

1.成功不言自高。真正成功的人往往十分低调，因为他们明白人生的意义不在于自我夸耀，而在于实实在在地实现自己的人生价值。不过分夸耀自己，自吹自擂，才能使自己保持一颗谦虚谨慎的心，同时传递给周围的人一种务实感，赢得他人的好感。

2.喜怒不形于色。不眉飞色舞而喜，不暴跳如雷而怒。隐藏自己的情绪并非一种虚伪，而是一种理性的自制。在与他人的交往过程中，不将自己一时的情绪表露出来，不仅是对他人的尊重，同时也是为自己留有余地。

3.小事不较真。面对无关紧要的调侃与指责，我们可以放低姿态，不一定非要与他人在一点点小事上争个高低。甘处弱势不代表真的软弱，正所谓大丈夫能屈能伸。相反，对于小事的低姿态更能展现一个人精神的伟岸、心态的平和。

不要把别人的帮助当成理所当然

赠人玫瑰，手有余香。助人为乐是一种高尚的道德品质，却并非一种必须履行的义务。有的人，第一次得到别人的帮助时可能心怀感激，但次数多了，就会当成理所当然。习惯了得到，便忘记了感恩，长此以往，代价就是慢慢消耗掉别人对你的感情。所以青少年要明白，在接受他人的帮助时，要怀抱一颗感恩之心，既是对他人应有的尊重，也是一个人的基本素养。

李小建在踢足球的时候不小心把腿摔骨折了，老师和同学都十分关心他。在医院休养的时候，同学们轮流来看望他，陪他聊天，跟他讲班级里发生的趣事，还给他补习这些天落下的功课。虽然身体上的伤痛让他有些沮丧，但是同学们的关心让他觉得十分温暖。

在医院住了一个多星期，李小建重新回到了学校。因为行动不方便，所以同学们平时也会给他很多帮助。收发作业的时候，同学们会主动帮李小建拿作业或者交作业，课间，同桌会帮他去打水，放学的时候，顺路的同学会扶着李小建去学校外坐车。脚伤的这一个多月，李小建在同学们的照顾下恢复得很好。

但是同学们渐渐发现李小建变得有些娇气了。明明他的脚已经好得差不多了，打水的时候，他还是会习惯性地把自己的水杯递给同桌，说："你打水的时候帮我打一杯。"然后自己坐在座位上悠闲地看课外书。放学的时候，会把书包给同学背着，自己端着一杯可乐开心地走在旁边。

这天，他又让同桌帮他去打水，同桌说了一句："你的脚不是好得差不多了吗？你可以自己去打水了啊。"

李小建一听，生气地说："你怎么这样啊，你不是这一个月都帮我打水的吗？怎么今天不愿意了？我的脚是好得差不多了，但是我就是拜托你帮一下忙而已，老师不是说要乐于助人吗？这点小忙都不愿意帮，你也太小气了吧。"

同桌一听便生气地说道："我帮你打水从来没有过什么怨言，但是你从来没说过一句谢谢。我希望你明白，我帮你打水是因为你是我同学，脚又受伤了，我想帮助你，但这并不是我的义务。以后你自己去打水吧！"说完，同桌气冲冲地离开了教室。

李小建生气地想找同学帮他评理，但是周围的同学都小声地议论说李小建怎么这么不知道感恩。他觉得十分委屈，自己脚都受伤了，为什么同学们还要这么对他。

放学后，李小建一个人不高兴地回了家，爸爸看到李小建闷闷不乐的样子很疑惑，便问他发生了什么事。李小建将事情说了之后，爸爸板起了脸，严肃地说道："你自己回想一下，同学们帮你做了这么多事，你说过一句谢谢吗？"

李小建想了想，摇了摇头。

爸爸又说道："同学们有义务帮助你吗？你有给同学们支付工资吗？大家同

你要过报酬吗？"李小建再次摇了摇头。

"所以，你没有资格要求同学们帮你做什么，但是同学们还是都热心地帮你做了，得到这样的帮助，你怎么能连最基本的感恩之心都没有呢？你现在明白了吗？"爸爸看着李小建认真地说道。

李小建羞愧地点了点头。第二天，他找到了同桌，真心跟他道了歉，还对班上每一位曾经帮助过他的同学说了谢谢。

故事中的李小建并非个例。生活中，青少年也常常会遇到这样的情况，早上醒来，发现要迟到了，有人会十分生气地向父母或者同住的室友抱怨道："怎么不早点叫我？"大多数人对这种事情司空见惯，正如故事中的李小建一样，把别人的帮助当成理所当然。按时起床是一个人基本的生活作息时间习惯，是个人分内之事。而父母或是室友叫你起床却是出于一种帮助你的善意，并非一种义务。我们应当明白这一点，并学会以一颗感恩之心去面对他人的善意，面对生活。

★ 情商拓展训练课

学会感恩

感恩不仅是为了让被感恩者收获应有的尊重,更是为了让感恩者学会以积极的态度去看待自己身处的世界,从而获得更好的生存体验。学会感恩,正是我们拥抱幸福人生的关键一步。

1.设置自己的感恩清单。 可以以一周或者一个月为时限,将这段时间中自己所要感恩的人或事记录下来。可以统一采用"因为……我要感谢……"的形式,进行梳理和记录。

2.将"谢谢"挂在嘴边。 即使面对最亲近的人,比如父母亲、兄弟姐妹,也不要忘记时常向他们表示感谢。说"谢谢"是最简单也最为常用的表达感恩的方式,这两个简单的字不仅能使他人在付出之后获得一种回报感,更能彰显青少年自身的礼貌与大方。

3.尝试做力所能及的善事。 为贫困山区的孩子捐一本书,给哭泣的人一声安慰,捡起地上的一团废纸,参加一次志愿活动……做善事并不需要过多的资金投入,力所能及帮别人一把即是慈悲。秉承一颗善心并身体力行,便是我们对他人、对社会的回报。

主动沟通，改善人际关系

大多数人际关系中矛盾的产生，是因为互动沟通太少。青少年需要学会主动与人沟通交流，加深对他人的了解，互相给予足够的尊重和宽容，这样人际关系才会得到大大的改善和提升。

高一开学的时候，由于学校离家太远，珍妮弗开始了寄宿生活。最初，她对一切都充满新奇感，但没过几天，珍妮弗忍不住在电话里跟妈妈抱怨起来。

"我上铺的那个姑娘，总是喜欢坐我的床，可是她刚刚在外面的草地上踢过足球，谁知道她的裤子上有多少恐怖的细菌啊。"有点洁癖的珍妮弗近乎咆哮着说道。

"您还记得我的小学同学格丽斯吗？她居然每天只在晚上刷一次牙，还告诉我早上不刷牙有利于身体健康。噢！我都不敢和她直接对话。如果早知道这件事，我绝对不会和她同学六年的！"当初有多庆幸与小学同学分到同一宿舍，珍妮弗现在就有多懊悔。

"对床的女孩每天不洗脚就睡觉，我的天，真不知道她的家人是怎么忍受她的。"格外爱干净并且每天都会洗澡的珍妮弗嫌弃地说道。

"有个姑娘居然在深夜十二点的时候吃零食，我昨晚被那像老鼠啃食的声音吵醒，吓得大叫。"即使过了一天，珍妮弗还是很生气，为自己被打扰的睡眠而生气。

"亲爱的妈妈，我可以申请走读吗？我可以像初中时一样，每天骑自行车来上学。我实在不愿意住在这样的宿舍里。"——数落完室友的毛病后，珍妮弗向妈妈祈求道。

但妈妈这一次没有答应她，而是充满爱意地说道："这恐怕不行，亲爱的宝贝，学校离家太远了，骑自行车很容易发生危险。"

"那么请您给学校写一封申请信吧，帮我换一间宿舍，求求您了！"珍妮弗依旧没放弃换宿舍的想法。

"孩子，我希望你能与你的室友们好好谈一谈，你也许能通过建议的方式向她们提出自己的看法，如果合理，我相信她们会乐意接受的。"妈妈接着说道，"不要因为别人不了解你而生气，你首先需要改变的是自己，否则无论在哪儿你都会不开心的。"

"啪！"熄灯时间到，珍妮弗依依不舍地与妈妈挂断电话。

"珍妮弗，快回来，睡觉时间到了。"是昨晚吃零食的那个女孩在招呼她回宿舍。

妈妈的话语还萦绕在心头，她们真的能听我的建议吗？珍妮弗在心里默默思考着。

"嘿！小丽娜，请原谅我的冒昧，你今晚能不吃零食吗？深夜进食对你的肠

胃可不太好。"珍妮弗略带忐忑地看着小丽娜建议道。

"珍妮弗，真不好意思，昨晚一定吵到你了。"小丽娜真心地道歉，"对不起，我昨晚实在是太饿了。请你放心，我今天晚饭可是吃得非常饱呢，绝对不会再在半夜饿醒了。"

说完，两人相视一笑，之前的不愉快都随风消逝了。这感觉真不错，珍妮弗在心里愉快地想着。

第二天放学后，珍妮弗在自己的床边围上了一层毯子，她试着向上铺的女孩询问道："可爱的詹妮娜，我能向你提出一个小小的建议吗？"

"当然可以，珍妮弗，你想对我说什么？"詹妮娜爽快地答应道。

"是这样的，我有一点小洁癖，不太喜欢别人碰我的床。"珍妮弗有点扭捏地说道，"请问你以后可以坐在这块毯子上吗？相信我，它非常舒适，我们可以一起坐在这上边聊天说话。"

詹妮娜立马顺从地跟珍妮弗一起坐在新铺的毯子上，抱歉地说道："善良的珍妮弗，很高兴你能直接告诉我这一点，粗心的我居然一直没注意过这些，你之前一定很不高兴吧？"

"没关系的，之前都是因为你不了解我的生活习惯，而我也没有及时向你说明，我不应该对你生气。"珍妮弗回忆起自己曾在电话里向妈妈抱怨的那些话，心里也颇为自责，不过幸好，现在改正还不算晚，"希望我们以后能够多多沟通了解，成为好朋友。"

"哈哈，我们早就是好朋友了。"詹妮娜热情地与珍妮弗拥抱在一起。

在那之后，珍妮弗也尝试过号召宿舍的姑娘们一起去打水洗脚，一起打扫卫生，使宿舍保持干净整洁。那个被她抱怨不洗脚的姑娘，也在珍妮弗的监督下爱上了泡脚，因为这能够帮助她舒缓神经，睡一个好觉。

虽然还是有些同学保留着那些令珍妮弗不舒服的"小毛病",但她也慢慢学会了将妈妈的话灵活运用。不要为别人不了解自己而生气,也不要在不了解别人的时候生气。在别人尊重自己的同时,也要学会尊重别人。

在这个故事的开始,珍妮弗因无法忍受室友的种种"恶习",每天向妈妈打电话抱怨,甚至提出走读和换宿舍的请求。妈妈却告诫她不要因别人无意的举动而生气,别人对你也并不了解,希望她主动与室友沟通交流,找到与室友和睦相处的办法。珍妮弗将妈妈的话牢记在心,并且立即实行,果然获得了不错的效果。她开始享受集体生活,在敞开真心后收获了许多好朋友。在人际交往中,遇到问题不要一味地抱怨,而是应该主动与人交流沟通,通过沟通来解决问题,这样才能拥有融洽、和谐的人际关系。

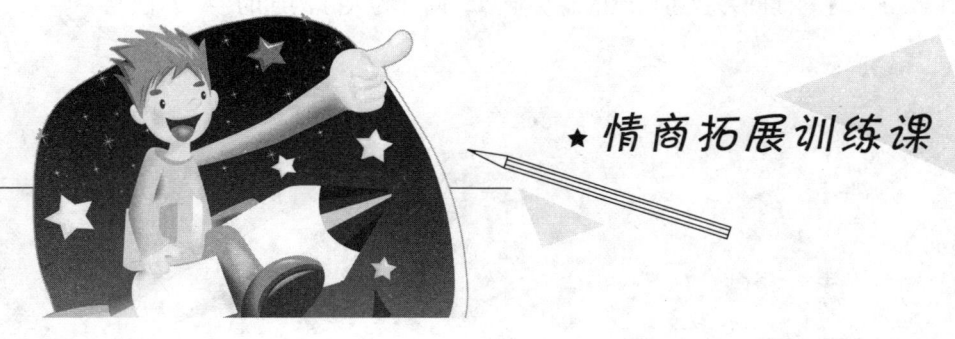

★ 情商拓展训练课

与人沟通的小技巧

人际沟通与交往能力是我们走上社会不可缺少的。除非与世隔绝,否则我们

就会面临各种复杂的人际关系，关系的亲疏好坏会对我们产生不同的影响，或助力或阻力。良好的沟通往往能使人与人之间更亲近。青少年在与人沟通时，应该掌握以下几个小技巧：

1.学会肯定并经常赞美他人。人大多希望获得他人的肯定、赞美，所以想要和他人保持良好的沟通，赞美很重要。学会发自内心地去赞美，最好落实到细节，比如可以赞美他人今天的衣服搭配得很好看，穿在身上体现气质；或者写的字很清秀俊逸，就像人一样美好；又或者交际口才不错等，可以尝试从这些方面来赞美他人，并以此为切入点，打开话题进行沟通。

2.批评责备的话后带着建议。有时候面对不是很熟悉的人，还是尽量要避免去批评，如果有些人的行为已经对我们造成了困扰，那么我们在批评的同时最好带着自己的建议，语气诚恳真挚一些，让对方体会到你谈话的诚意。

3.在与他人的沟通中的禁忌。在中途打断对方的话，妄自揣测他人的意思，带有情绪的发言。

4.与他人的沟通中的技巧。学会倾听，适时提问，80%的时间用来倾听对方的话语，20%时间提问并叙述自己的想法观点，简称为人际沟通的"二八法则"。

合作将力量最大化

国外有一句格言:"合作可以把成功无限地放大,自私狭隘只会自毁前程。"说的就是合作的重要性。合作可以将力量最大化,使人们更容易获得成功。曾经有这样一个故事:

两个年轻小伙子伊斯兰达与尤可修斯要去远方做羊毛生意,由于目的地一致,两人便结伴同行。路途中两个人迷路了。伊斯兰达与尤可修斯各自翻找自己的背囊,所带食物只能维持半天,而他们所在的地方离当地最近的村子少说都有数百里路,没有几天几夜根本到不了。两个人唉声叹气,却只能继续往前走。

当他们累得筋疲力尽的时候,伊斯兰达与尤可修斯看到了一个老人,老人背上背着鱼篓,手里拿着钓竿,看起来是一个住在附近的钓鱼人。他们拦下老人希望他能够帮忙,带他们走出去。然而很可惜的是他们要去的地方与老人的家完全是两个方向,老人并没有精力带他们走得太远。老人想了想,又看了看一脸倦容的伊斯兰达与尤可修斯。老人决定将自己的鱼竿和鱼篓里的鱼送给两人，并告知他们一个大概的方向，指引他们继续奔赴目的地。伊斯兰达选择了鱼篓里的鱼，尤可修斯选择了钓竿，然后上路了。

拿了钓竿的伊斯兰达心想，一路上应该会有河流，我可以钓鱼解决一路上的饮食问题，有了足够的食物我就一定能走出去；拿了装满鱼的鱼篓的尤可修斯心想，这鱼篓里的鱼够我一个人吃了，我不用花多少力气，就能够顺利到达目的地。两个本就是竞争对手的年轻人各怀心思，都想自己率先赶赴目的地以抢先占据当地的羊毛市场。如果继续结伴同行，对方可能会拖累自己，延长行程，于是他们分开，决定各凭本事奔赴目的地。

拿了钓竿的伊斯兰达一连两天都没有找到河流，他身上也没有别的食物，第三天饿得走不动路，最终死在了路上；而拿了鱼篓的尤可修斯，前两天美美地吃着鱼篓里的鱼，平安无事。而夏季炎热的天气很快就让剩下的鱼开始腐烂变质，散发出令人作呕的恶臭，没过几天尤可修斯也饿死在了路上。

又过了很多年，同样有两个人在这个地方迷路了，他们的遭遇和上面两个人一样，在绝望的时候，也遇到了给予他们鱼篓和钓竿的好心老人，鱼篓里的鱼可以支撑两个人吃三天。这两个人是从小一起长大的好哥们，即使在危难之际，他们都不想放弃伙伴，虽然两个人选择了不同的东西，但是他们决定一起走。

两个年轻人分工合作，努力在路途中寻找有河流的地方，轮流钓鱼，饿了就吃鱼篓里的鱼。同时，他们还把新钓上来的鱼晒成鱼干带着，保证了在没水的地方也不会饿肚子。两人合作默契，不存私心。用这种方法，十天后，他们到达了昔年伊斯兰达与尤可修斯的目的地。因为共同经历了这次生死考验，两人之间的感情更加深厚。而城镇上的一名富商听说了两人路途中的故事，觉得这两个年轻人懂得合作共赢，值得信赖，便给了两人一份相当不错的工作。

这个故事告诉我们,合作是实现共赢的最佳途径。且从人际关系的层面来看,懂得合作的人更容易使人产生聪慧可靠之感,自然更容易赢得他人的青睐,获得成功。

★ 情商拓展训练课

学习怎样与他人更好地合作

1.彼此信任。合作最重要的是对彼此保持信任,如果在犹疑中耽误时间,那么双方分工的事情便无法很好展开。所以说当我们与他人合作时,需要信任他,相信他可以将事情完成好,也方便我们全身心投入到事情中。

2.保持沟通。在合作中我们需要与他人保持沟通,清楚了解彼此的优势,把控好事情发展的状态和方向,以便发挥自身优势获得最大效益。

3.适时赞美。当对方有了一定成就时,我们要给予肯定,适时赞美他,让他感觉到自己被认同,他的付出是值得的,那么他接下来就会有更多的热情来完成任务。

赞赏不是奢侈品

"称赞不但对人的感情，而且对人的理智也起着很大的作用。"这句耳熟能详的名言来自俄国批判现实主义作家列夫·托尔斯泰。懂得真诚地去称赞别人，代表着这个人有善于发现美的眼睛以及善良的心灵。这样的人在人际交往中总会格外受人青睐，因为他的赞赏随时随地都能鼓舞人心，使人产生奋发向上的精神动力。

18世纪晚期，大仲马已经是享誉世界文坛的大作家了，不少作品被众人追捧拜读，功成名就。但早年的大仲马其实曾有一段非常潦倒的经历，灰色的阴霾笼罩了他很长时间，值得庆幸的是，最终有人用真诚的赞赏带给了他新生的希望。

四岁时，大仲马的父亲去世，年幼的大仲马缺失了父爱，跟母亲两人开始了相依为命的生活。当时大仲马的家庭条件极其艰苦，仅仅靠着母亲微薄的收入勉强维持生计。大仲马到了上学的年纪，不仅不能像其他小孩一样去学校读书，甚至连吃饭都常常成问题，饥一顿饱一顿，日子过得十分窘迫。为了维持基本的日常生活，大仲马的母亲不得不像镇上的男人一样每天出去干辛苦的体力活，自然也就很少有时间照顾儿子。大仲马在这样放养的状态下逐渐长大了，以至于到了十三岁还没接受过正规的教育。

这样潦倒的生活让他自卑，快成年的时候大仲马准备去巴黎找一份工作。可是想到自己没有一技之长，又没有显赫的家庭背景，他对未来十分迷茫。父亲生前的一位好友听说了大仲马的处境之后很热情地接待了大仲马，准备先了解他的基本情况，于是问他："你有什么比较擅长的事情吗？"

大仲马摇摇头。"你数学怎么样？"面对询问，大仲马又摇了摇头。"化学？法律呢？"一系列的问题让大仲马陷入了绝望，他想自己肯定找不到合适的工作了。

父亲的好友没有嫌弃他，反而安慰道："那你先把你的住址留下吧，如果有合适的工作我再联系你。"大仲马怀着沮丧的心情在纸上写下了自己的地址，没想到父亲的好友看到后发出一声惊叹，立马对其大加赞赏："这字就写得很不错啊，字迹清楚字形美观，真是不错！"

一瞬间，大仲马受宠若惊，备受感动，内心的阴霾也似乎消散了不少。最终父亲的好友给大仲马安排了一份写字员的工作，大仲马的生活有了保障。自此以后，大仲马开始兢兢业业地工作，对生活也渐渐有了热情和期待，仿若新生。

而大仲马走上文学道路并且获得成功是离不开另一位友人的鼓励和赞赏的。一次偶然的机会，大仲马认识了一位叫阿道夫的贵族文艺青年。阿道夫热爱文学，饱读诗书，虽然大仲马与他的出身、地位差距甚远，但两人交往过程中莫名契合，很快就成了好朋友。

在与大仲马的交往中，阿道夫发现他对文学作品有着独特的感知力，于是鼓励大仲马继续学习文学艺术知识。在阿道夫的影响下，大仲马开始接触越来越多的文学作品，很快沉迷其中。但因为早年没有接受太多教育，深奥的作品大仲马理解起来有些困难，亦师亦友的阿道夫经常细致地为他讲解。渐渐地，阿道夫发现大仲马的文学天赋并不局限于对现有文学作品的赏析，便开始鼓励他提笔创作。之后每每大仲马有新的原创作品出来，阿道夫都会认真研读，对他的进步给予赞赏，偶尔两人还一起探讨和打磨剧本。

每当大仲马因缺乏灵感而陷入自我怀疑时，阿道夫总会帮助他放松，并给予他更多的赞扬，让他看到自己的优势所在。随着时间的推移，大仲马越来越有信心。经过时间的磨炼和好友不懈的鼓励，他终于成功地创作了不少旷世奇作，成了享誉世界的大作家。而当大仲马回忆自己的一生时，他明确地提到，自己这辈子最感激最敬佩的人，便是自己的母亲与阿道夫。自己的母亲给予了自己生命，而阿道夫则让自己的生命熠熠生辉，让自己真的活了过来。

大仲马从一个自卑潦倒的男孩变成自信有为的大作家，离不开父亲好友的赏识和好朋友阿道夫的鼓励。语言的独特之处在于它总有一种无形的力量，有时候只是一两句简单的鼓励和赞赏，却能给人注入意想不到的信心。赞誉并非奢侈品，生活中，青少年要学会发现别人的闪光点，给身边的人多一份赞赏和鼓励，即使只是简单的一句话，亦能一扫他人失落的阴霾，也为自己积累珍贵人缘。

★ 情商拓展训练课

如何恰当地给予赞誉

1.确认赞美对象

在发出赞美时一定要将你赞美的人与点出的事相匹配，不要张冠李戴。你在赞美一个人爱干净时，如若你要以他房间的整洁为依据，则先要确定他的房间是否是自己动手收拾的，以确定你的赞美对象对你的赞美受用。

2.把握赞美时效

任何事物都有自己的时效性，赞美也是越及时越好。赞美是对某人行动的一种正面反馈，及时的赞扬更有利于激发受赞者的积极性，也能使赞扬者迅速获取受赞者的好感。时隔太久的赞誉则难免有些苍白无力。

3.赞美要适"度"

赞美与谄媚奉承不同，赞美以实际为尺度，言辞要符合实际。不能因一件小事而极尽溢美之词，过分夸大受赞对象的功绩。

4.找准具体赞美点

赞美一定要具体，越是精确的赞美越使人觉得真诚实在。如夸赞一个人完美不如夸赞一个人美丽或是风趣，这是因为美丽或风趣相对于完美而言要更加具体，而具体的赞美点能够直线提高赞美的可信度。

5.不以利益为出发点

务必真诚地赞美他人，而不是出于某种功利目的逢迎讨好。夹杂附属条件的赞美会使人感觉你虚伪且充满危险，自然对你生出抵触甚至是厌恶感。

学会分享，收获快乐

培根曾有一句名言："把你的痛苦与别人分担，你的痛苦会减少一半；把你的快乐与别人分享，你的快乐会增加一倍。"学会分享既不会使自己损失什么，又能让你从中得到收获，就如同你分享快乐，也能从别人那里收获快乐。学会分享是一种美德，既给自己带来收获，也给了别人一份好心情。人际交往中，真诚主动地与别人分享，才能收获别人的真心。

一天，一位母亲从外边带了两大筐桃子回家，一筐已经熟透了，一筐还能放几天，这是一位远房亲戚送来的，她准备分给她的几个儿子吃。回到家后，她却并没有第一时间让孩子们吃水果。桃子这种水果不宜久放，容易腐烂，于是她指着两大筐桃子问几个儿子："这么多的桃子，我们要怎么吃才能保证桃子不会因为腐烂而浪费呢？"

几个孩子看着筐里的桃子都十分心动，只想尽快品尝。大儿子抢先说："我们可以先把熟透了的吃完，要不然它们就坏了。"

母亲点了点头，接着问："可是等我们把这些熟透的吃了，其他桃子恐怕也要开始腐烂了，我们吃的就一直是不新鲜的桃子。"

这回二儿子开口道："那我们就先把那些刚刚熟的吃完，先把最好吃的吃了。"母亲听到这话，笑着反问道："那熟透的桃子注定要被我们浪费了。"

二儿子听了这话，皱了皱眉，再也想不出其他办法。母亲看了看在一旁沉默的三儿子，想听听他的想法，便对他说："你有想到什么好的办法吗？"

过了一会儿，三儿子才开口："我觉得我们可以把所有桃子混在一起，再分给邻居吃一点，她们帮我们吃一部分，我们自己吃一部分，这样不仅不会浪费，也能让邻居尝尝我们的桃子。"三儿子一说完，母亲就露出了欣慰的笑容，摸着他的脑袋不住地称赞。

很多时候，我们认为分享只是单纯地将自己所拥有的给予他人，让别人同享快乐和幸福，却不知道，分享有时不只是付出，在某种程度上更是一种收获。

在故事中，无论是大儿子先吃熟透的桃子的说法还是二儿子先吃好吃的桃子的说法，到最后总会浪费一部分桃子，而小儿子的想法则恰到好处地弥补了两者的不足，将桃子分享出去，不仅能让大家都尝到新鲜的桃子，还能避免桃子因吃不完而浪费，而在大家收到桃子后还很有可能会给予他们相应的回报。所以说，好的东西要与人分享才有意义，学会分享，也能从分享中收获快乐与爱。

★ 情商拓展训练课

如何学会分享

在日常生活当中，不是所有人都愿意主动分享，而分享是我们人际交往中一种重要的方式。我们应当如何才能学会分享呢？

1.思考分享后他人的情绪。 鼓励自身多去思考自己的分享行为会给他人带来怎样的情绪，或者不分享又会给他人带来怎样的情绪，这会让我们更乐意分享。研究表明，学会考虑他人感受后，即使偶尔几次不分享，之后的分享行为却会大大增加。

2.双向互动，传递价值。 分享不是单方面的付出，而是双向交流的过程。在日常生活中，我们通过分享自己最宝贵的、能给人带来价值的事物给他人。而在互动分享过程中既增进与他人情感交流，收获友谊，同时又向周围的人传递了正向的价值观，一举多得。

3.分享需要真诚以待。 真正的分享需要怀着一颗真诚的心，在平等自愿的前提下与他人分享交流。当你真诚地与人分享你所拥有的快乐，会得到双倍的快乐。当你真诚地与他人分担他们的忧伤和痛苦，忧伤和痛苦会减半。只有体会了这种真诚分享的益处，我们才能更好地延续分享这种美德。

谦逊的人受欢迎

牛顿曾经说过:"谦虚对于优点犹如图画中的阴影,会使之更加有力,更加突出。"适当的谦虚不仅能够放大自己的优点,让自己能够以更加端正的心态砥砺自我,不断进步,还有利于帮助青少年更好地融入集体,获得他人的好感。

扁鹊是春秋战国时期的名医,他的医术十分高明,大家都将他奉为神医。

有一次,扁鹊路过虢国,听闻虢国太子刚逝世,百姓都在为太子祈福祷告。他十分好奇,便来到宫门前打听太子突然离世的原因。刚巧碰上了中庶子,一问才得知太子是因积血不畅突然暴毙,然后他又询问了太子的去世时间等问题,扁鹊点了点头对中庶子说:"你去禀告国君,我还有办法让他活过来。"

中庶子不太相信,扁鹊便将虢国太子的病症分析了一番,并对他说:"你去摸一摸太子的大腿,看是否有温度,探一探他的鼻息,是否还有气息。如果是这样的话,那一定还有生还的希望。"

中庶子半信半疑地进去按他的说法试探了一下，果然如扁鹊所料，便立马将情况禀告了国君。国君听闻喜出望外，立马把扁鹊迎了进来。经过一番观察诊断，扁鹊发现太子并没有真正死亡，只是得了尸厥症。于是他立马用针灸对太子进行了抢救，没过多久，太子竟然真的醒来了，大家看到此番景象，觉得扁鹊医术实在了得，当即佩服得五体投地。此后按照扁鹊的吩咐，给太子连续服了二十多天的汤药，最终太子病痛痊愈，恢复了原来的健康体魄。

后来民间一直流传着扁鹊让虢国太子起死回生的事迹，对此他却总是谦虚地表示："并不是我高明的医术让太子起死回生，他本来就没有死，我只是医治了一个普通病人，让他恢复了健康而已。"

一直以来，面对别人的夸赞，扁鹊都是用这样谦逊的态度回应。齐国国君有一回对他说："你医术那么了得，将你封为'天下第一神医'也不为过。"扁鹊却连忙婉拒："我可担不上这个称号，其实我的两个哥哥都比我医术高明。"

这下国君好奇了："你哥哥的医术如果真的比你还厉害的话，为什么从未听说？"扁鹊解释道："我的二哥一般在病人出现一点小状况时就能及时发现并为他治疗，我们村里的人只要有一点点小问题都是去找我二哥，所以他也只在我们村里比较有名而已。而我的大哥更厉害，一般只要看一眼别人，就能判断出对方是否有生病的端倪，在别人生病之前就能防患于未然。因此也只有我们家里人才知道他的高明之处。而我，既不能及时诊断出小病症，又不能为别人预防疾病，等病人找到我的时候一般都是病入膏肓了，我为他们减轻或治愈病痛这并不高明，我的两个哥哥才能称得上是神医。"

扁鹊拥有高明的医术却一直低调地行医，专注为病人治病，这也是他一直受众人尊敬的原因。他一生巡诊列国，为各地病人医治病症，让许多百姓摆脱了病痛。他的众多医学诊疗经验，对后世医疗发展产生了深远的影响。

故事中的扁鹊哪怕是面对"天下第一神医"的称赞时,也没有得意忘形,只是谦逊地回复众人,便继续为其他人治病。他凭借自己这种谦逊的态度赢得了国君以及人们的尊重。青少年应该学习扁鹊的谦逊精神,并意识到人外有人,山外有山。只有正视自己的问题,保持谦逊的态度,才能与他人和谐相处,让自己不断进步,并成为社交场合受欢迎的人。

★ 情商拓展训练课

如何保持谦逊

保持谦逊是一种高明的处世之道,也是一种高尚的品德。现实中越是高调骄傲的人,越是难以获得和谐的人际关系,也就越是难以获得成功。青少年怎样才能保持谦逊的态度,使自己不断进步呢?

1.放低姿态,保持风度。在自己能力不足时,应该加强对自身的锻炼,放低自己的姿态,虚心向比自己优秀的人学习,促进自身的进步。

2.调整心态,学会感恩。在我们取得一定成就后,我们应该迅速调整心态,并对一路走来帮助自己的人心怀感恩。如果你习惯了恃才傲物,看不起别人,长

此以往就会失去人心。而睿智的人哪怕获得了成功,也会保持谦逊低调的作风,继续向更远大的目标进取。

3.适时抽身,低调做人。当我们在某件事上取得了成就,就需要学会从成功的喜悦中抽身,将精力投入到下一桩事情中。懂得功成身退的人,才是识时务的,他会知道自己的重心在哪儿,知道自己在什么时间该去做什么样的事情。在成功面前冷静思考,保持谦逊,才能规避风险,笑对人生。

4.谨慎说话,三思后行。我们在面对别人的称赞时,应该虚心以待、谦逊有礼,展现出应有的风度,维持和谐良好的人际关系。说话前也要注意思考,讲话讲究分寸,切忌口出狂言,造成不必要的误会和伤害。

怀善心，做善行

列夫·托尔斯泰说过："没有单纯、善良和真实，就没有伟大。"每个人都愿意与心地善良的人相处，自身的善良不仅能够让自我保持身心愉悦，更能以一颗善心带动另一颗善心，以一个善举带动另一个善举。因此青少年要努力做到怀善心，行善举，成为一个让自己幸福，让他人温暖的人。

凯瑞女士是一位独居的小提琴家，她住在一栋单独的小别墅里，每天早上都会七点钟起床，然后练习一个小时小提琴，其他的空余时间，她要到一家音乐学校授课。

一个普通的清晨，她像往常一样完成了练习，简单地吃过早餐后，她开车前往音乐学校。可是，走到半路时，她突然想起忘了带自己之前为今天授课准备的乐谱，于是只好调转车头赶回去。

车子在门前停稳，凯瑞女士脚步匆匆地走进家里，径直向二楼的练琴房走

去。结果,她刚刚踏上台阶,楼上突然传来一阵不规律的小提琴声,一听就是个不懂小提琴的人胡乱拉的。

凯瑞女士的身体一僵,首先想到的就是别墅里进了小偷,下意识想要拿出电话报警。可是,在拨出报警电话的前一秒,她突然转念一想,这栋别墅里比小提琴值钱的东西有很多,对方如果要偷东西,为什么要偷小提琴呢?

在她思索的过程中,楼上的小提琴声音一直没有停下来,对方似乎找到了某种方法,拉出来的曲调渐渐不再断断续续。

"这个小偷可能是个天才!"凯瑞女士这样一想,报警的动作就停下了,她蹑手蹑脚地爬上二楼,顺着没关严的琴房门缝往里偷看,里面有个蓬头垢面的小男孩正坐在地上,一脸陶醉地摸着怀里的小提琴,时不时拉上一段。

这个场景让凯瑞女士进退两难,她不知道自己是该跳出去打断那个小男孩,还是该装作什么都没有发现地离开。就在她无法做出决定的时候,突然有一阵风吹过来,面前的门"吱呀"一声开了。

屋里的小男孩一惊,发出"啊"的一声,然后抬头看到了门口的凯瑞女士。

"我……我……"小男孩慌慌张张爬起来,整个人抖得像风中落叶一样,目光中全是惊恐。

凯瑞女士准备质问他为什么会在自己家琴房里的话已经到了嘴边,看到他这个模样,最后还是没能说出口。因为她突然想起自己小的时候,因为家里贫穷,也曾经为了听别人拉一曲小提琴,偷偷爬到一棵大树上,结果被人发现,从树上摔下来摔断腿的事情。

谁都不容易啊!凯瑞女士心里想。很快,她做出了决定,装出一副惊喜的模样说道:"你是凯瑞女士的侄子乔克吗?我是凯瑞女士家的保姆,早上听女士说她的侄子会在上午来拿一把小提琴,没想到你提前到了。"

那个男孩先是露出迷茫的表情，很快像是明白了什么，于是收起了刚才惊恐的模样，故作镇定地点点头："是的，我是来找姑姑拿小提琴的。"

"那就好。"凯瑞女士点点头，"需要我帮您把小提琴送下楼吗？"

"啊？不……不用了！"小男孩摆摆手，小心翼翼地抱起小提琴，脸上掠过一丝犹豫，最后还是一咬牙，从门口跑了出去。

十年后，凯瑞女士已经不在音乐学校任教。有一次她担任了一个音乐选秀节目的评委，在比赛过程中，她对一个年轻人印象深刻，因为对方演奏的小提琴让她觉得非常眼熟。幸运的是，那个年轻人琴技不错，一路过关斩将，一直走到了冠军的位置。

当凯瑞女士将奖杯递到这个年轻人手里，正准备鼓励他几句时，年轻人突然弯腰向她深深鞠了一躬，然后把奖杯放到地上，把身旁的小提琴递了过来。

"也许您已经忘记了我，但是我一直记得，当初我从您的家里离开时，从墙上看到了您领奖的照片，所以知道您才是凯瑞女士本人。谢谢您，为了照顾一个小男孩的自尊，说了一个善意的谎言，还赠给了我一把珍贵的小提琴。今天，我终于有资格把小提琴还给您了，请您收下我的歉意。"

时隔十年，再次触摸到那把熟悉的小提琴，凯瑞女士笑了："能够看到你现在的成就，我就不后悔自己当初的举动。"

两个人的手紧紧握在一起，年轻人的眼睛里闪烁着晶莹的泪光。

凯瑞女士的一个善举，改变了小男孩的一生，这就是善心创造的奇迹。生活中，我们也要时刻记得，也许自己的一个不经意的帮助，都可能会对别人的人生产生深远的影响。因此，青少年应该时刻保持一颗慈悲之心，对人心怀善意，像爱自己一样爱别人，世界会因为这份善意而变得更加美好。

★ **情商拓展训练课**

拥有善心，付诸善行

美国作家梭罗曾经说过："德行善举是唯一不败的投资。"生活中，青少年应该以故事里的凯瑞女士为榜样，将自己的善心体现在行动中，让自己成为一个拥有善心同时付诸善行的人。

1. 要用爱的目光看待这个世界。 无论是我们所处的自然环境，还是我们生长的社会和家庭环境，我们都要时刻怀着一颗感激和欣赏的心去看待这一切，爱护花草、保护环境、孝敬父母、友善待人，这些都是青少年应该做到的。

2. 要用宽容的目光对待他人。 生活中谁都会犯错，谁都会有失误，当别人的错误触犯到自己的利益时，给对方一个机会。冷酷是人心的敌人，而温暖是人心的朋友，能打开并影响一个人心灵的不是怒骂，而是宽容。

3. 需要分清善良和懦弱的界限。 善良并不是懦弱，也不是对别人的错误不计较，而是在充分认清现实的情况下，依然愿意相信人性、相信自己。因此，一个真正善良的人，应该是一个有底线的人，当别人所做的事情超出了自己的这个底线，一样要敢于维护自己的权益，向这种行为说不。只有这样，善良才会有护甲，爱才不会是纵容。

平等是人际交往的前提

在人际交往中，不以自己的权力地位和财富标准来衡量交往双方的关系，不过度推崇自己，也不过度贬低自己，是为人处世的基本原则之一。无论是对友情、亲情或者其他感情，都必须保持平等待人的心态，但生活中总有些人被周围的物质财富所迷惑，或是因为其他的外在因素而无法在人际交往中正确定位自己与对方，最终将友谊推向边缘地带。青少年需要在人际交往中做到平等待人，为自己和他人创造更和谐的交往环境。

英国著名戏剧家萧伯纳有一次在国外访问，遇到了一位可爱的小姑娘。萧伯纳很喜欢这个孩子，于是陪她玩了很久。

临别前，萧伯纳友善地跟孩子道别，并且跟孩子介绍自己："小姑娘，回去后可以告诉你妈妈，今天陪你玩的人是世界著名的戏剧家萧伯纳。"

萧伯纳心想，孩子知道自己跟一位名人一起玩耍了，一定会感到自豪。不

料，小姑娘却十分平静地跟萧伯纳说："那也请您回去告诉您的妈妈，今天跟您玩的是苏联小姑娘安妮娜！"

萧伯纳大受震动，他把这次经历当成自己在国外最大的一次收获。

孩子的眼里是没有身份之别的，他们的心灵简单纯粹，不管你的身份有多么尊贵、名气有多大，在他们眼里只有玩得好还是不好之分。身份和名气都是身外物。人与人之间应该平等相待，谦虚有礼。

在中国古代，魏国的信陵君魏无忌是著名的战国四公子之一，他以能放下身份、礼贤下士而闻名。

无论士人有无才能，信陵君都谦恭有礼地对待他们，从不轻慢，因此他手下的追随者和门客众多，达三千人。其他诸侯国因忌惮信陵君收纳的众多能人异士，不敢轻易动兵谋犯魏国。

有一次，信陵君听说大梁城东门有个叫侯嬴的看门人，这个人七十多岁了，但很有才干。信陵君派人去拜见，还送了丰厚的礼物，但侯嬴并不愿意接受。于是，信陵君便举办宴席，并带着随从和车马亲自去接侯嬴。

侯嬴面容沧桑，穿着破旧，但见到信陵君时毫不客气，直接登上了信陵君的马车并坐在了信陵君的身边，信陵君毫无愠色。侯嬴在途中又提要求说，他要去集市找一个叫朱亥的屠夫。信陵君答应了，命令车夫前往集市。在集市，侯嬴见到屠夫朱亥后便热烈交谈起来，信陵君始终恭敬地等在一边，哪怕侍从告诉他宴席那边人都到齐了，在等着开席，信陵君也始终没有不耐烦地催促侯嬴。

随后，侯嬴跟着信陵君来到了信陵君的府上，并被信陵君当成贵客介绍给其他宾客。侯嬴看到信陵君的所作所为，当众夸奖信陵君是一个品行高尚、能真正做到礼贤下士之人，他愿意成为信陵君的门客。

萧伯纳和信陵君的故事告诉我们，真正有教养的人，言行总是平易近人的。他们不会因为自己的身份就对人摆架子，而是懂得尊重他人，展现出自己良好的修养与风度。如果你想结交到真正的朋友，打开他人的心扉，获得他人的信任与支持，那就要学会平等地对待他人。

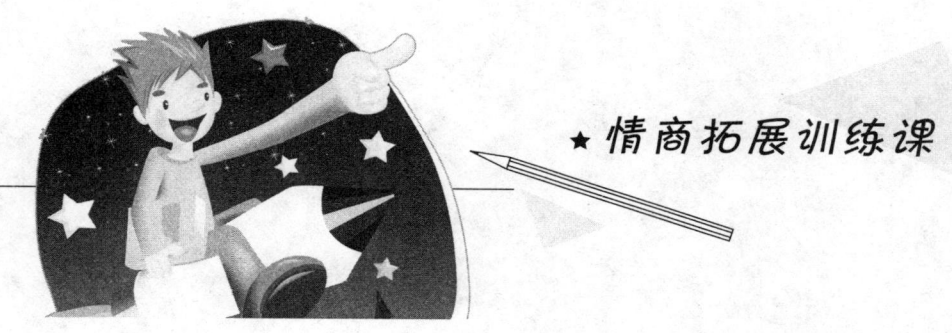

平等待人是基本修养

一位名叫理查德·斯蒂尔的西方作家曾经说过："对一个有优越才能的人来说，懂得平等待人，是最伟大、最正直的品质。"每一个人都应该做到平等待人，因为这是一个人最基本的修养。

1.摒弃掉对金钱、权力庸俗崇拜的错误观念。财富和社会地位不是衡量一个人高贵与否的标准，一位维护城市环境清洁的工人，在生命的天平上和一个百万富翁拥有同等重量。从今天起，走在路上的时候，学着对每一位擦肩而过的人微笑，哪怕他只是个普普通通的劳动者。

2.用客观的态度去看待别人。当别人不小心带给了我们麻烦，不要着急，也

不要大吼大叫，给对方一个道歉和解释的机会；当一个人做出和我们的设想不符的事情，不要草率地否定他，学会站在他的角度去思考问题，也许会有不一样的发现。

3.诚心尊重他人的人格。地球上有几十亿人口，每个人出生的背景、受到的教育、性格都各不相同，但是他们每个个体都是独一无二的，也是值得尊重的。只有在内心深处认同了这一点，才能在和别人相处时保持一颗平常心，真正做到不卑不亢，俯仰皆无愧于心。